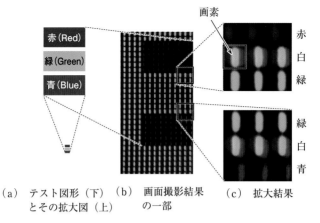

（a）テスト図形（下）　（b）　画面撮影結果　（c）　拡大結果
とその拡大図（上）　　　　の一部

口絵 1　液晶画面の撮影結果（本文 6 ページ，図 1.3）

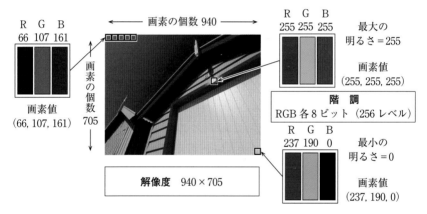

口絵 2　一つの画像全体と画素との関係（本文 7 ページ，図 1.4）

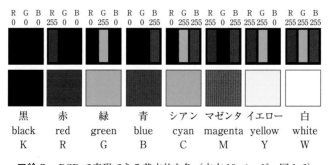

黒	赤	緑	青	シアン	マゼンタ	イエロー	白
black	red	green	blue	cyan	magenta	yellow	white
K	R	G	B	C	M	Y	W

口絵 3　RGB で表現できる基本的な色（本文 10 ページ，図 1.6）

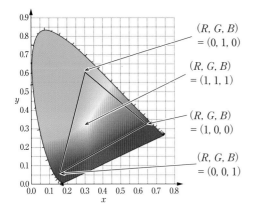

口絵 4 xy 色度図と RGB の表示範囲
（本文 14 ページ，図 1.7）

口絵 5 アンチエイリアシングの有無による三角
形描画の例（アンチエイリアシングありの場合）
（本文 47 ページ，図 2.21 (b)）

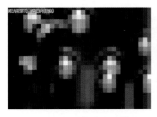  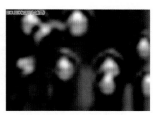

　ニアレストネイバー法　　　　　　バイリニア補間　　　　　バイキュービック補間
（最近隣内挿法，フィルタなし）　　　（双 1 次補間）　　　　　　（双 3 次補間）

口絵 6 フィルタの種類による画質の違い（画像の一部に対し縦横ともに
20 倍の拡大を行った結果）（本文 105 ページ，図 3.41 (b)）

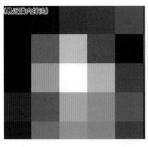  

（a）　ニアレストネイバー法　　（b）　バイリニア補間　　（c）　バイキュービック補間

口絵 7 補間による輝度計算の違い（20 倍拡大処理の例）（本文 108 ページ，図 3.43）

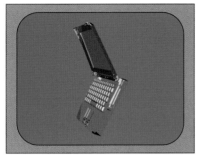 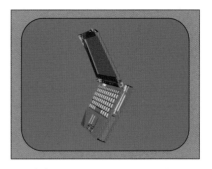

（a）　サーフェスモデルの断面表示　　　　　（b）　ソリッドモデルの断面表示

口絵 8　断面表示の例（本文 119 ページ，図 4.6）

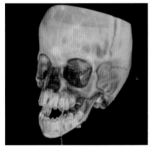 

（a）　人体の頭蓋骨をレイ　　　　　（b）　経路追跡による雲の描画結果
　　　キャスティングにより　　　　　　　　〔提供：東京大学大学院 旧西田友是研究室〕
　　　描画した結果

口絵 9　ボリュームレンダリングの例（本文 147 ページ，図 4.27）

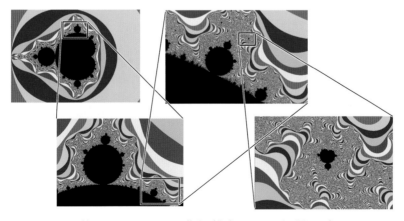

口絵 10　マンデルブロー集合（本文 150 ページ，図 4.29）

口絵11　メタボールで表現された水の形状の例（本文 153 ページ，図 4.31）〔提供：プロメテック・ソフトウェア株式会社〕

（a）

（b）

口絵12　実物を計測した結果の点群データを描画した例（本文 154 ページ，図 4.32）〔提供：渡邉賢悟（渡辺電気株式会社）〕

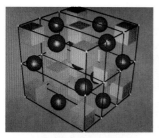

（a）　変形前の空間（制御点）およびそこに含まれる形状（立方体と球）

（b）　制御点の移動による形状の変形

（c）　形状モデルの変形例

口絵13　自由形状変形の実施例（本文 180 ページ，図 5.12）〔Images courtesy of Thomas W. Sederberg〕

メディア学大系

12

CG 数理の基礎

柿本　正憲

著

▼

コロナ社

「メディア学大系」刊行に寄せて

　ラテン語の "メディア（中間・仲立ち）" という言葉は，16世紀後期の社会で使われ始め，20世紀前期には人間のコミュニケーションを助ける新聞・雑誌・ラジオ・テレビが代表する "マスメディア" を意味するようになった。また，20世紀後期の情報通信技術の著しい発展によってメディアは社会変革の原動力に不可欠な存在までに押し上げられた。著名なメディア論者マーシャル・マクルーハンは彼の著書『メディア論—人間の拡張の諸相』（栗原・河本訳，みすず書房，1987年）のなかで，"メディアは人間の外部環境のすべてで，人間拡張の技術であり，われわれのすみからすみまで変えてしまう。人類の歴史はメディアの交替の歴史ともいえ，メディアの作用に関する知識なしには，社会と文化の変動を理解することはできない" と示唆している。

　このように未来社会におけるメディアの発展とその重要な役割は多くの学者が指摘するところであるが，大学教育の対象としての「メディア学」の体系化は進んでいない。東京工科大学は理工系の大学であるが，その特色を活かしてメディア学の一端を学部レベルで教育・研究する学部を創設することを検討し，1999年4月世に先駆けて「メディア学部」を開設した。ここでいう，メディアとは「人間の意思や感情の創出・表現・認識・知覚・理解・記憶・伝達・利用といった人間の知的コミュニケーションの基本的な機能を支援し，助長する媒体あるいは手段」と広義にとらえている。このような多様かつ進化する高度な学術対象を取り扱うためには，従来の個別学問だけで対応することは困難で，諸学問横断的なアプローチが必須と考え，学部内に専門的な科目群（コア）を設けた。その一つ目はメディアの高度な機能と未来のメディアを開拓するための工学的な領域「メディア技術コア」，二つ目は意思・感情の豊かな表現力と秘められた発想力の発掘を目指す芸術学的な領域「メディア表現コ

ア」，三つ目は新しい社会メディアシステムの開発ならびに健全で快適な社会の創造に寄与する人文社会学的な領域「メディア環境コア」である。

　「文・理・芸」融合のメディア学部は創立から13年の間，メディア学の体系化に試行錯誤の連続であったが，その経験を通して，メディア学は21世紀の学術・産業・社会・生活のあらゆる面に計り知れない大きなインパクトを与え，学問分野でも重要な位置を占めることを知った。また，メディアに関する学術的な基礎を確立する見通しもつき，歴年の願いであった「メディア学大系」の教科書シリーズ全10巻を刊行することになった。

　2016年，メディア学の普及と進歩は目覚ましく，「メディア学大系」もさらに増強が必要になった。この度，視聴覚情報の新たな取り扱いの進歩に対応するため，さらに5巻を刊行することにした。

　2017年に至り，メディアの高度化に伴い，それを支える基礎学問の充実が必要になった。そこで，数学，物理，アルゴリズム，データ解析の分野において，メディア学全体の基礎となる教科書4巻を刊行することにした。メディア学に直結した視点で執筆し，理解しやすいように心がけている。また，発展を続けるメディア分野に対応するため，さらに「メディア学大系」を充実させることを計画している。

　この「メディア学大系」の教科書シリーズは，特にメディア技術・メディア芸術・メディア環境に興味をもつ学生には基礎的な教科書になり，メディアエキスパートを志す諸氏には本格的なメディア学への橋渡しの役割を果たすと確信している。この教科書シリーズを通して「メディア学」という新しい学問の台頭を感じとっていただければ幸いである。

　2020年1月

　　　　　　　　　　　　　　　　　　東京工科大学
　　　　　　　　　　　　　　　　　　　メディア学部　初代学部長
　　　　　　　　　　　　　　　　　　　前学長

　　　　　　　　　　　　　　　　　　　　　　相磯秀夫

「メディア学大系」の使い方

　メディア学は，工学・社会科学・芸術などの幅広い分野を包摂する学問である。これらの分野を，情報技術を用いた人から人への情報伝達という観点で横断的に捉えることで，メディア学という学問の独自性が生まれる。「メディア学大系」では，こうしたメディア学の視座を保ちつつ，各分野の特徴に応じた分冊を提供している。

　第1巻『改訂メディア学入門』では，技術・表現・環境という言葉で表されるメディアの特徴から，メディア学の全体像を概観し，さらなる学びへの道筋を示している。

　第2巻『CGとゲームの技術』，第3巻『コンテンツクリエーション』は，ゲームやアニメ，CGなどのコンテンツの創作分野に関連した内容となっている。

　第4巻『マルチモーダルインタラクション』，第5巻『人とコンピュータの関わり』は，インタラクティブな情報伝達の仕組みを扱う分野である。

　第6巻『教育メディア』，第7巻『コミュニティメディア』は，社会におけるメディアの役割と，その活用方法について解説している。

　第8巻『ICTビジネス』，第9巻『ミュージックメディア』は，産業におけるメディア活用に着目し，経済的な視点も加えたメディア論である。

　第10巻『メディアICT（改訂版）』は，ここまでに紹介した各分野を扱う際に必要となるICT技術を整理し，情報科学とネットワークに関する基本的なリテラシーを身に付けるための内容を網羅している。

　第2期の第11巻〜第15巻は，メディア学で扱う情報伝達手段の中でも，視聴覚に関わるものに重点を置き，さらに具体的な内容に踏み込んで書かれている。

　第11巻『CGによるシミュレーションと可視化』，第12巻『CG数理の基礎』

では，視覚メディアとしてのコンピュータグラフィックスについて，より詳しく学ぶことができる。

第 13 巻『音声音響インタフェース実践』は，聴覚メディアとしての音の処理技術について，応用にまで踏み込んだ内容となっている。

第 14 巻『クリエイターのための 映像表現技法』，第 15 巻『視聴覚メディア』では，視覚と聴覚とを統合的に扱いながら，効果的な情報伝達についての解説を行う。

第 3 期の第 16 巻～第 19 巻は，メディア学を学ぶうえでの道具となる学問について，必要十分な内容をまとめている。

第 16 巻『メディアのための数学』，第 17 巻『メディアのための物理』は，文系の学生でもこれだけは知っておいて欲しいという内容を整理したものである。

第 18 巻『メディアのためのアルゴリズム』，第 19 巻『メディアのためのデータ解析』では，情報工学の基本的な内容を，メディア学での活用という観点で解説する。

各巻の構成内容は，大学における講義 2 単位に相当する学習を想定して書かれている。各章の内容を身に付けた後には，演習問題を通じて学修成果を確認し，参考文献を活用してさらに高度な内容の学習へと進んでもらいたい。

メディア学の分野は日進月歩で，毎日のように新しい技術が話題となっている。しかし，それらの技術が長年の学問的蓄積のうえに成立しているということも忘れてはいけない。「メディア学大系」では，そうした蓄積を丁寧に描きながら，最新の成果も取り込んでいくことを目指している。そのため，各分野の基礎的内容についての教育経験を持ち，なおかつ最新の技術動向についても把握している第一線の執筆者を選び，執筆をお願いした。本シリーズが，メディア学を志す人たちにとっての学びの出発点となることを期待するものである。

2022 年 1 月

柿本正憲

大淵康成

ま え が き

　本書は，コンピュータグラフィックス（CG）技術を学ぼうとする学部生を対象とした教科書である。世の中にあふれる膨大な映像のうちの多くは CG として作られたものである。実写映像に見える映画作品でもかなりの部分が CG との合成である場合が少なくない。本書はそのような CG の原理を理解するための基礎固めとなる技術に焦点を当て，広い範囲をカバーしながらもトピックは絞り込み，それぞれをなるべく深く掘り下げて解説する。

　技術系の読者，例えばプログラマーやシステムエンジニア志向の読者には常識として知っておいてほしいテーマを集めている。同時に，CG に何らかの関わりのある仕事を志す読者あるいは CG 制作に興味のあるクリエイター志望の学生，さらにはすでに実務に従事する若手クリエイターにとっても長く活用できる教科書となることを目指した。

　1 章ではコンピュータ処理の流れに沿った CG 技術の全体像を示し，画像や色や図形という，CG において重要な情報のディジタルデータによる表現や表記について説明する。

　2 章は図形をどのようにディジタル画像として表示するかがテーマである。古典物理学で言えば原子や分子に相当する構成単位である線分，三角形が画面上に展開される過程（アルゴリズム）を詳細に学ぶ。

　3 章は物体データとしての図形を思い通りに操作するための数学的な道具である座標変換（幾何学的変換）を説明する。図形の配置のみならず，3 次元の物体データを 2 次元の画面に図形として投影する手段も座標変換である。加えて画像に対する幾何学的変換も解説する。

　4 章は 3 次元物体データすなわち形状モデルを CG で扱うためのデータ表現を説明する。曲線理論の入門編もこの章に含まれ，曲面についても少し触れる。そのほかいくつかの特徴ある物体表現法については概要を紹介する。

　5章では，アニメーションやゲーム画面のような動きを伴うCGの表示技術にまつわる基本知識を述べる。そもそも画面が動いて見えるように制御する仕組みであるフレーム処理技術，および活用頻度の高い動き処理技術をやや詳しく説明し，各種アニメーション技法については概要説明にとどめる。

　以上に示す通り，本書は高度なあるいは先進的なCGの手法や技法についてはあえて触れず，その前提となる必須技術の知識概念に重点を置いている。例えば，3次元CGにおける興味深い分野であるレンダリング技術（光源，照明，シェーディング，テクスチャマッピング，光線追跡，経路追跡など）は含まれない。また，CGの処理を実行するために不可欠な半導体チップであるGPUについて明示的な説明は行わないが，結果的に2章，3章および5章の前半はGPUの処理内容のうちの基本部分を深く解説していることになる。

　本書の内容は，東京工科大学メディア学部の専門科目として2年次に実施される14回の講義内容をまとめたものである。技術志向の学生にとっても制作志向の学生にとっても，CG画像を描くコンピュータの中でなにが起こっているかを知ることは，それまでの基礎的な講義や演習の学びに深みを与え，その後の高度な専門分野の学びの理解を促進する効果をもたらす。

　本書で学んだ読者が優れたCG作品の制作に貢献したり，CG応用技術に基づく製品開発に貢献したりすることを通じ，多くの人々の生活の質の向上につながることを期待する。さらには将来，新しい表現や技術の研究開発によってCG技術自体の発展に寄与する本書読者が現れるとしたら，それは筆者の無上の喜びとするところである。

　最後に，多くの有益なコメントをいただいたシリーズ監修の相川清明先生と近藤邦雄先生に感謝するとともに，長期にわたり辛抱強く筆者を激励し続けてくださったコロナ社の皆さんに厚く御礼を申し上げます。

2022年7月

柿本正憲

注）　本書の書籍詳細ページ（https://www.coronasha.co.jp/np/isbn/9784339027921/）からプログラムコードなどの補足情報がダウンロードできます。

目　　　次

3章　座 標 変 換

5章　CG アニメーション技術の基礎

1章 ディジタル画像と図形の数学表現

◆本章のテーマ

　本章は画像と図形がどのように数値で表現されるかを説明する。本章ではまず入力と出力という観点から CG 技術体系の全体像を示し，画像と図形が中核となる情報・データであることを述べる。画像や図形がコンピュータ内部でどのように保持されているかを正しく知ることは CG を学ぶうえでの最重要事項の一つである。つぎに，画像の数値表現と基本概念について述べ，画像が画素によって構成され，さらに画素は三原色によって構成されることを示す。また，図形についても基本的な構成例を示す。

◆本章の構成（キーワード）

1.1　コンピュータグラフィックス技術の全体像
　　　モデリング，レンダリング，アニメーション
1.2　ディジタル画像の基礎
　　　画素（ピクセル），解像度，階調，スキャンライン
1.3　色の表現
　　　三原色，表色系
1.4　図形の表現
　　　座標，頂点，線分，多角形（ポリゴン），形状モデル

◆本章を学ぶと以下の内容をマスターできます

☞　CG 技術のおおまかな体系はどんな要素技術で構成されるか
☞　コンピュータ内で画像がどのように数値で表現されているか
☞　コンピュータ内で色がどのように数値で表現されているか
☞　コンピュータ内で図形がどのように数値で表現されているか

1.1　コンピュータグラフィックス技術の全体像

コンピュータグラフィックス（computer graphics, CG）技術を理解するうえ
で，情報の「入力」「処理」「出力」という観点を持つことは重要である。本節
ではそのような観点から CG 技術体系の全体像を示し，その中で本書がどの部
分を扱いどの部分を扱わないかを明確にする。

1.1.1　CG は画像を生成する技術

コンピュータグラフィックスは，各種情報を入力として画像データを計算処
理の出力結果として求める技術あるいは出力結果画像そのものを指す。

その計算のもととなるデータ，すなわち入力はいろいろな種類がある。例え
ばキャラクターの形のデータや背景となる景色の画像データである。ほかに
も，人の操作や動作を入力とする場合，センサからの情報を入力とする場合，
建物や車体の変形の解析計算結果を入力とする場合などが考えられる。

これを図示したのが**図 1.1** である。出力の画像は二つの場合が考えられる。
一つは画面に表示するだけでデータとしては保持しない場合である。これの典
型的な例はゲームの実行画面である。もう一つは画像データとして保存する場
合で，典型的な例は映画やアニメ制作における CG である。

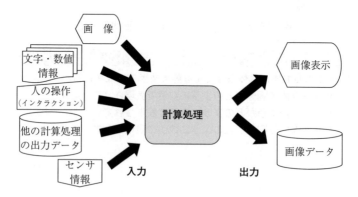

図 1.1　CG の入力情報と出力情報

前者の例は**リアルタイム CG**（real-time computer graphics）と呼ばれる。厳密には 1/60 秒以内に処理をして一つの画像として表示し繰り返し異なる画像を表示する場合にリアルタイム CG と呼ぶ。後者の例は，処理と同時には必ずしも表示しないことから**オフラインレンダリング**（off-line rendering），**プリレンダリング**（pre-rendering）あるいは**バッチレンダリング**（batch rendering）などと呼ばれる。

このように，CG は，各種入力情報をもとに計算処理によって画像を生成する技術である。入力情報が画像ではない状況で出力として画像が新たに作られることを強調したい場合，CG の計算処理あるいはレンダリングのことを**画像生成**（image generation）と呼ぶ場合もある。

1.1.2 三つの要素技術

ひとことで計算処理と言っても，その過程は複雑である。しかし，CG の計算処理を大雑把に分類すると三つの要素技術に分けることができる。それらは，**モデリング**（modeling），**アニメーション**（animation），**レンダリング**（rendering）である。**図 1.2** は計算処理の流れを示す。本書では以降この計算処理を単に CG 処理と呼ぶ場合もある。

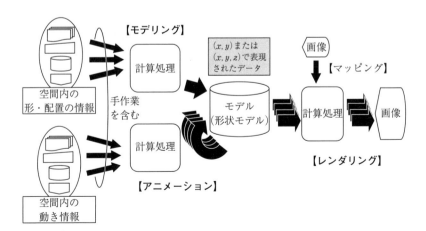

図 1.2 CG の計算処理の流れと要素技術

この分類は，処理の種類としての要素技術の分類であるだけでなく，映像制作の過程の分類でもあり，CG の研究分野の分類でもある。CG を学ぶうえで，これら三つの要素技術を正しく理解しておくことが重要である。

CG に関する一つひとつの細かな技術や技法は，モデリング・レンダリング・アニメーションのうちのいずれかに属している場合がほとんどである。いま学ぼうとしている技術がどれに属しているかをつねに意識すると，より理解が進む。

モデリングは，CG 処理の最初の段階である。入力となる各種情報から，表示すべき図形の表現としての**形状モデル**あるいは**幾何モデル**（geometric model）を出力する処理あるいはその作業過程がモデリングである。形状モデルは CG 処理全体から見ると中間データと考えることができる。形状モデルはファイルとして保持される場合もあれば，実行中のプログラムが管理するメモリ上のデータとして保持される場合もある。

レンダリングは，形状モデルや照明設定情報やカメラ設定情報を入力として最終的な画像を出力する処理である。日本語で対応する用語は**描画**である。「レンダリング」には最終的に仕上がってユーザまたは鑑賞者に見せる品質の高い画像を出力するというニュアンスがある。一方で，本書ではごく単純な結果も含め画像を生成する方法を扱う場合が多い。そのため，「レンダリング」という言葉はあまり使用せず，「描画」という用語を一般的に使用する。

アニメーションは，動いている結果画像を出力するために必要となる処理である。形状モデルや，場合によっては照明やカメラがどのように動くかの設定・記述を生成するための技術である。実際の処理はモデリングやレンダリングの処理中に組み込まれる場合が多い。特殊な物体（パーティクル・髪・群集・流体）によって特有の動きを生成する高度な技法もアニメーションに分類される。

なお，画像データを主たる入力として別の画像データを出力する処理は**画像処理**（image processing）と呼ばれる。一般に画像処理は CG とは区別される。しかし実際には CG 処理の流れの一部として画像処理が使われたり，画像処理

の部分的な技法として CG 処理が利用されたりする場合もある。特に前者は実用的な CG 処理では非常によく行われる。

1.1.3　本書のカバーする領域

　本書では，前項で示した要素技術それぞれについて，基礎的な部分について述べる。2 章（基本図形の描画）ではレンダリングの最も基礎的な処理である線分や三角形の塗りつぶしを学ぶ。3 章（座標変換）はレンダリングとモデリングの両方で必須の処理である数学的な変換について述べる。4 章（形状モデル表現の基礎）はモデリングのための数値的・数学的な図形表現方法を紹介する。5 章（CG アニメーション技術の基礎）では，アニメーションで必ず用いられる基本処理を論じるほか，おもな要素技術の概要を紹介する。

　一方で，本書で扱わない CG 技術も多い。3 次元 CG（3DCG）については，ごく基礎的なディジタルカメラモデルの話題（3 章）と，形状モデルの話題（4 章）で取り上げるにとどめている。そのため，関連する照明（ライティング）技術，テクスチャマッピング，隠面消去，レイトレーシング，ボリュームレンダリングはカバーしない。アニメーションに関しても，個別物体特有の技法の詳細は本書の範囲外としている。

1.2　ディジタル画像の基礎

　本節では CG の出力データである画像が数値としてどのように表現されるかを学ぶ。また，ディジタル画像どのようなデータ構造となっているかを具体的に解説する。

1.2.1　ディスプレイの色表現

　普段見ているディスプレイはどのように色を発しているのだろうか。実際に**図 1.3**(a)のような赤・緑・青の 3 色の小さなテスト図形を白い背景上に置いた画像で実験した。

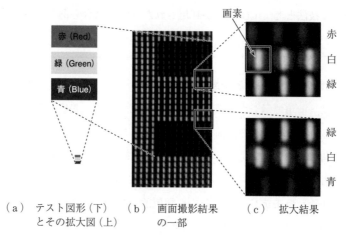

（a）　テスト図形（下）　　（b）　画面撮影結果　　　（c）　拡大結果
　　　とその拡大図（上）　　　　　　の一部

図 1.3　液晶画面の撮影結果（口絵 1 参照）

　テスト図形を液晶ディスプレイに表示し，わかりやすくするため露光を暗めに設定してカメラでズーム撮影した。その撮影結果画像を一部拡大したのが図（b）である。図形の背景は完全な白であるが，実際は案外すきまが黒く空いて見える。

　さらに，図（b）の一部（2 か所）を拡大した結果が図（c）である。赤と緑のすき間にある白い背景を見ると，白い色は 3 種類の小さな縦長の短冊でできていることがわかる。図（c）下の緑と青のすき間にある白も同様である。短冊は赤・緑・青の 3 種類があることがわかる。

　このように 3 種類の短冊が並んで一つの正方形を構成しているものは**画素**あるいは**ピクセル**（pixel）と呼ばれる。画素を構成する 3 色の短冊の 1 個 1 個は**サブピクセル**（subpixel）と呼ばれることがある（ディスプレイの種類によっては短冊型以外のサブピクセルで画素が構成されるものもある）。サブピクセルの赤・緑・青は**三原色**（three primary colors）と呼ばれ，画像の色表現のもととなる重要な色である。それぞれ R，G，B と表記する（red, green, blue の頭文字）。

　一般に画像は，このように RGB の三原色で構成される画素が多数，縦横に

整列されて配置されているものである。例えば，図(c)は画像のごく一部であるが，上下とも，それぞれ九つの画素が見えていることになる。

1.2.2　画像の解像度と階調

ディジタル画像が多数の画素で構成されることはわかったが，実際に数値としてどのように表現されるのだろうか。

画素は縦横に並んでおり，一つの画像全体は矩形（長方形）となっている。ディジタル画像データは例外なくこのように構成される。**図 1.4** は画像と画素の関係の例を示したものである。画像の大きさは縦横それぞれの画素の個数，すなわち**解像度**（resolution）によって決まる。

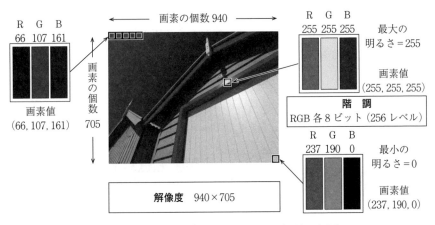

図 1.4　一つの画像全体と画素との関係（口絵 2 参照）

解像度は，画像の大きさだけでなく，ある特定のディスプレイが表示する画面全体の画素数を表す用語でもある。一般に画像データの解像度は画面解像度とは一致しないので，ある画像を表示すると，その画像は画面の一部となる。もちろん，画面解像度より大きい画像の場合は，その画像の一部だけしか画面表示できない。

各画素を構成する三原色 RGB は，三つの数値で表現される。典型的にはRGB のそれぞれが 0〜255 の数値で表される（以降，数値範囲を [0, 255] のよ

うに示す)。例えばRが0の場合，Rの光がまったくないとみなしRのサブピクセルは真っ黒に表示される。Rが255だとディスプレイが表示できるRの光の最大の強さで表示される。

　このような場合，RGBそれぞれ256段階の光の強弱を表現できることになる。この段階数のことを画像の**階調**（gradation）と呼ぶ。階調数の説明をするときには，三原色も合わせて言うことが多い。例えば，図1.4で例示した画像は「解像度940×705でRGB各256階調の画像」と説明できる。

1.2.3 数値データとしての画像

　各画素の数値表現を述べたが，画素を集積した一つの画像の実体はどのような数値データなのだろうか。

　ここでは最も典型的なデータ形式，すなわち数値の並べ方の例を示す。それは，画像の左上の画素から右に向けて順番に数値を取り出して並べ，右端まできたら今度は上から2行目の画素の左端から同様に並べる，というやり方である。一つひとつの画素については，RGBの順番に三つの数値を並べる。**図1.5**には最初の画素を0番目として並べたデータの例を示す。

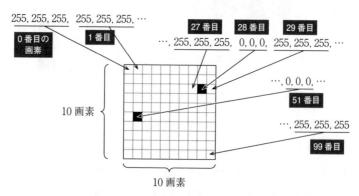

図1.5 最も単純な画像データ形式の一例

　この図で用いた画像の解像度は10×10，階調はRGB各256である。100個の画素のほとんどは白で，RGBいずれも値は255である。ただし，右から2

列目で上から 3 行目の画素は黒で，RGB の三つがいずれも 0 である。この画素は全画素の中では 0 番目から数えて 28 番目の画素データとなる。同様に，左から 2 列目上から 6 行目の画素も RGB の三つが 0 の値である。

　実際にコンピュータ内でひとかたまりのデータ列として画像を扱う場合，図 1.5 中の「…」をはさんで示したようなひと続きの数値の並びでデータを与える。この画像の例だと，数値が 300 個並んでいて，途中 3 個の 0 が 2 度現れる以外の値はすべて 255 というものである。

　このように，画像の左上から右下に順番に画素データを扱うことを，**走査**あるいは**スキャン**（scan）と呼ぶ。もともとは，アナログテレビがそのように見える順番でブラウン管の内側に電子ビーム標的を移動させることを走査あるいはスキャンと呼んでいた。ディジタル画像のデータを並べる際にも解像度にかかわらず同様の順番にする習慣になったわけである。

　ある一つの画像中の横 1 行分の画素の並びを**スキャンライン**（scanline）と呼ぶ。走査線と呼んでもよいかもしれないが，走査線という場合はディスプレイ全体の画面上での横 1 行を指す場合が多いようである。

1.3　色 の 表 現

　各画素での色表現の典型例として，RGB の三原色についてそれぞれ 256 階調を使うことを示した。実際，CG を学ぶあるいは活用するうえではこのデータ形式を感覚的に身に付けることが重要である。ここではまず RGB 各 256 階調のデータと実際の色との基本的な対応関係を示す。つぎに，256 階調以外の表現について述べる。これは CG 技術を実務で使ううえでも理解すべきことがらである。さらに，RGB 三原色以外の色表現方法について簡単に触れる。

1.3.1　**RGB 三原色と基本的な色**

　RGB の簡単な数値の組合せで表現できる色を**図 1.6** に示す。これらの色の名称は，図の上段にある RGB の値と関連付けて丸暗記しておくべきものであ

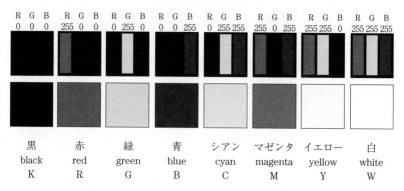

図1.6　RGB で表現できる基本的な色（口絵3参照）

る。下段の記号はこれらの色を表記するのに慣習的に使われるものである。

　ここで少し話はそれるが，デザインの観点で念頭におくべき注意を述べる。図1.6で示した基本的な色は，CG に限らず実務で色を選択する際に，簡単だからという理由でつい使ってしまいがちである。しかし，最終的に人に見せるもの，例えばプレゼンテーション資料やプログラム実行画面などで色を採用する際，一般的にはこれらの色を避けるべきである。三原色の RGB あるいは原色に準じた CMY のような色は非常に目立つため，見せるべき全体のバランスを崩す場合が多い。そのような色使いはセンスがない，と思われてしまう。RGB 値の偏りが極端でない色，すなわち**中間色**（neutral color）に近い色を採用すべきである。

　さて，図1.6の基本的な色を感覚的に覚えたら，中間色の数値と実際の色との関係もわかっていく。中間色の RGB 値は無理に覚える必要はなく，実務でRGB を扱う経験を重ねるうちに感覚が身に付くものである。

　Web デザインでよく使われる色表記について簡単に触れる。図1.6ではRGB の数値を並べて示してある。これらは10進数であるが，もっと簡潔に表記したい場合には16進数の6桁表記を用いる。例えば，赤は FF0000（Webデザインでは「#」を付けて #FF0000 とする），シアンは 00FFFF である。256階調は16進数の2桁（範囲 [00, FF]）を使って過不足なく表現できる。

1.3.2 RGB 値の範囲

RGB 表現の基本として，整数で $[0, 255]$ の 256 階調をこれまで示してきた。実際にはそれ以外の値の表現方法もある。

CG あるいは，画像を扱うプログラムを作る際には $[0, 255]$ もよく使うが，$[0, 100]$ や $[0, 1]$ の範囲の実数で値を表現する場合も多い。特に $[0, 1]$ は RGB の値を計算する過程でよく用いられる。

もともと 256 階調は，人間の眼の識別能力に対して十分な精度で，なおかつコンピュータのメモリに保存する整数データの桁数（2 進数で 8 桁つまり 8bit）としてコンパクトで都合がよいという理由で使われている。しかし，CG のプログラムでは RGB の値を計算で使う場合が多く，そのときは最小値を 0，最大値を 1 と表現するほうが都合がよい。例えば，二つの値を掛け算する場合，最大値同士だと結果も最大値になる。

もちろん，計算途中は $[0, 1]$ で表現しても，最終的にディスプレイで表示する段階では 256 を乗じて RGB 各 256 階調の整数データを使用する。

ここで，現実世界の色を考えてみよう。色を正確に解釈すれば光の強さである。これを数値で表すのに $[0, 255]$ や $[0, 1]$ でよいだろうか。太陽の直接光は，暗室内のろうそくで照らされたものに比べて何億倍というオーダーで明るさが違うと言われている[1],†。もし画像の中に太陽が直接写っていて，そこの画素を RGB の最大値 1 で表現したら，ほかのほとんどの場所は例えば，0.0000001 などの値を使うことになる。これは計算処理を行ううえでは都合が悪い。

CG プログラムがこのような数値を扱う場合には，浮動小数点数を用いる。例えば，1.0e7 と書けば 1.0×10^7（10 000 000）を表現できる。広範囲の値が使えれば，現実世界をより忠実に CG で表現できる。このように浮動小数点数で RGB を表現する画像を**ハイダイナミックレンジ**（high dynamic range）画像あるいは **HDR** 画像と呼ぶ。

HDR で CG の計算処理をしても，最終的に $[0, 255]$ でディスプレイ表示す

---

† 肩付き数字は巻末の引用・参考文献を示す。

ることに変わりはない。HDR からディスプレイ表示用の範囲に落とし込む計算処理は**トーンマッピング**（tone mapping）と呼ばれる。トーンマッピングの際には，その画像の中の明るい部分を詳細に表示して暗い部分はいわゆる黒つぶれにしてしまうか，あるいは暗い部分を詳細に表示して明るい部分を白飛びさせてしまうか，何らかの妥協が必要になる。これを解決するために画像の部分ごとに異なるトーンマッピングを施す方法も行われる。

CG ソフトでの計算だけでなく，CG 作品制作のさまざまな工程での中間データ画像にもすべて HDR を用いる方法が主流になりつつある。いわゆる**リニアワークフロー**（linear workflow）と呼ばれる制作手法である。

1.3.3　さまざまな表色系と色表現方法

表色系（color system）は色を数値で定量的に表現する場合の単位系に相当するもので，目的によって異なるものが使われる。ここでは，特に CG に関連している表色系をいくつか簡単に紹介する。CG で色を扱う場合は RGB を使う場合がほとんどなので，各表色系の詳細は省略し，それぞれがどのような用途で使われるかを中心に説明する。

RGB の三原色は **CIE-RGB 表色系**（CIE-RGB color system）と呼ばれ，ディジタル画像の色表現の基本である。最終的にディスプレイに与える値として使われる。三原色で人間の色覚をおおむねカバーできる。原色が 3 種類なのは，人間の眼の網膜にある視細胞のうち，色を感知する錐体細胞が 3 種類であることも関係している。また，RGB は三つの錐体がそれぞれ最も強く反応する光の波長におおむね対応している。

RGB はディスプレイに与えるデータであるが，ディスプレイの種類によって微妙に発色特性は異なる。そのため，同じ RGB の値でも実際に見える色は同じではない点に注意すべきである。

RGB はディスプレイの発色に使われるため，**光の三原色**（three primary colors of light）と呼ばれる。あらゆる色は RGB の値を合わせる**加法混色**（additive color mixture）によって表現される。これに対して CMY は印刷にお

ける一点（ドット）のインク量に対応する値として使われる。インク量が多い
ほど光の吸収量が多くなる（反射は少なくなる）ため，CMY を原色とする混
色は**減法混色**（subtractive color mixture）となる。CMY は**色の三原色**（three
primary colors of pigment）と呼ばれる。CMY は独立の表色系ではなく，RGB
表色系の中の別の表現法と考えるべきである。

　マンセル表色系（Munsell color system）は，米国の画家 A. H. Munsell が考案
した表色系で，人間にとって直感的に捉えやすい**色相**（hue）・**彩度**（chroma）・
明度（value）という3属性で色を分類したものである。マンセル表色系の数
値は段階的に決められていて，数百種類の色を表現でき，色票として用意され
ている。同じ属性の中での値の違いは人間の知覚の違いに対応するように作ら
れている。ただ，その値で演算できるものではなく，属性別に色を番号付けし
たものと考えるとよい。

　色相・彩度・明度の値を演算で使えるようにした**カラーモデル**として **HSV**
（hue, saturation, value）や **HSL**（hue, saturation, lightness）がある。これらは
RGB の値を変換することで得ることができる。HSV 変換あるいは HSL 変換後
は，コンピュータによって3属性を自在に強弱変更して人間の直観に合ったや
り方で色調整ができる。最終的には RGB に戻してディスプレイに表示する。

　CIE-XYZ 表色系（CIE-XYZ color system）は RGB よりも広範囲の色を扱う
ことができる。XYZ と RGB は3×3行列を使ってたがいに変換することがで
きる。RGB はディスプレイ表示可能な色だけを扱うのに対し，現実世界には
人間が知覚できるもっと鮮やかな（彩度の大きい）色が存在する。そのような
色を RGB 値で表現しようとすると負の値を使う必要がでてきて都合が悪い。
XYZ 表色系はそのような色も正の値で表現できる。ただし，表現できる範囲
を広くしたために，現実には存在しない色まで含めて正の値で表現できる。
XYZ の値から $x = X/(X+Y+Z)$，$y = Y/(X+Y+Z)$ として得られる xy 座標
に色を表したものは **xy 色度図**（xy color diagram）である。**図 1.7** に xy 色度
図を示す。

　CIE-L*a*b* 表色系（CIE-L*a*b* color system）（エルスター・エースター・

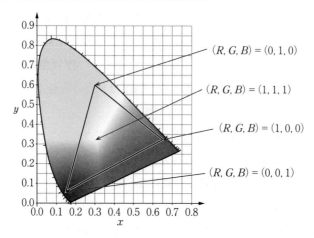

図1.7　xy色度図とRGBの表示範囲（口絵4参照）

ビースター，エルエービー，あるいはスィーラブと呼んだりする）は，人間が知覚する色の違いを数値の違いとして表すことのできる均等色空間である。L* は明度を表す。a*，b* はおおむねそれぞれ緑（−）〜赤（＋），青（−）〜黄（＋）にかけての彩度を表す。L*a*b* も RGB との間で変換式が存在する。色の違いがどれだけ大きいかを計算する必要がある場合，RGB の色空間座標上での距離ではなく，L*a*b* の座標上での距離を計算すべきである。

1.4　図 形 の 表 現

　一般に図形の例として，三角形・長方形・円あるいは立体的な球・直方体・円柱などが思い浮かぶ。ここでは CG で図形を表現する際に最もよく利用される方式のうちの基本的な方法を簡単に説明する。

1.4.1　頂点がすべての基本

　最も基本的な図形は点である。図形を表現する要素としての点は**頂点**（vertex）と呼ばれる。複数の頂点を使えばさまざまな図形が表現できる。たとえば一つの**線分**（line segment）は二つの異なる頂点を結んだものと考える

ことができる。**三角形**（triangle）は三つの頂点で表現できる。円を頂点で表現することは不可能である。しかし，CG 表現としては，十分に多くの頂点を使って（例えば 100 角形として）近似して表せば実用上問題ない。

このように考えれば，頂点とその結合情報を使って，あらゆる図形を実用上問題ない範囲で近似表現できる。立体的な図形の場合でも同様に考える。球や円錐のように丸みを帯びた**曲面**（curved surface）で構成されている図形も，細かい三角形や四角形（一般には多角形あるいは**ポリゴン**）で表面を近似することで CG 表現とする。**ポリゴン**（polygon）は三つ以上の頂点で構成された図形である。詳細は 4 章で解説する。

冒頭で「最もよく利用される方式」というのは，このように複数の頂点を使う方式のことである。ゲーム画面に表示されるキャラクター形状で丸みを帯びているはずの場所でも輪郭が角張って見えるのは，ポリゴン近似で表現されているためである。

実用的には，CG では一つのシーンで数百〜数億個あるいはそれ以上の頂点やポリゴンが使われる。また，ポリゴンと呼ばれる場合でも実質的にはすべて小さい三角形に分割して表示処理されている。

1.4.2　ディジタル画像における頂点の表現

それでは，頂点は具体的にどのように数値で表現され，CG 処理の出力であるディジタル画像でどのように表されるだろうか。ここでは実際に図形を表示するプログラムを題材にして考えてみよう。

本書ではプログラムを記述する言語として Processing[†]を用いる。Processing はどんな PC でも簡単にプログラムを書いて実行できるソフトウェアシステムであることが特徴である。しかも，プログラムを書く人にとって本質的なことだけに集中できる利点がある。一見して難解な多数の命令行を記述しないと CG 表示ができないということが，ほかの言語に比べると非常に少ない。初学

[†]　本書で使用している会社名，製品名は，一般に各社の商標または登録書評です。本書では ® と ™ は明記していません。

者にお勧めであるが、多数の CG 表示機能があり、プロのデザイナーやアーティストの使用にも耐えられる。実行時のマウス操作などに反応させる表示もできる。さらに、オブジェクト指向と呼ばれる高度なプログラミングも可能である。

図 1.8 は、二つの頂点を表現したプログラム† （一種のテキストデータである）（図（a））を入力とし、解像度 10×10 画素のディジタル画像（図（b））として出力した例である。

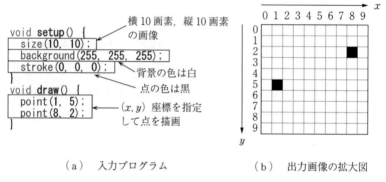

（a）　入力プログラム　　　　（b）　出力画像の拡大図

図 1.8　頂点の表現とディジタル画像出力の例

入力プログラムで "point" という命令が書かれているが、そこで指定されている数値が頂点である。「(1,5)」と書かれている部分は頂点の場所を表す xy 座標を指定している。「1」は x 座標、「5」は y 座標である。出力画像では (1,5) および (8,2) に対応する二つの画素が黒く塗られている。

出力画像は画素を単位として 2 次元座標が設定される。Processing の決まりごととして、出力画像の左上端画素の座標を (0,0) とし、横方向右向きを x 軸、縦方向下向きを y 軸としている。この例では解像度 10×10 の出力画像なので、xy 座標ともに [0,9] の範囲の画素が存在する。

このように、頂点は座標を使って表現される。2 次元図形であれば (x, y) の二つの座標を用いる。3 次元図形を表現したいときには (x, y, z) の三つの

---

† 　本書の書籍詳細ページ（https://www.coronasha.co.jp/np/isbn/9784339027921/）からプログラムコードなどの補足情報がダウンロードできます。

座標を用いる。CG では，入力データとしての図形は座標として数値を直接与え，出力データとしての画像はある範囲のすべての整数データの座標が暗黙のうちに画素として与えられている。CG を学ぶあるいは活用するうえで，座標の概念を理解することはきわめて重要である。ただ理解するだけでなく，座標の数値が与えられたときに，そこがどの辺の場所なのか，すみやかに推定できる感覚を身に付けることが重要である。

　なお，図 1.8 の例あるいは本章のこの後の例では，たまたま頂点座標の座標系は出力画像の座標系と一致している。一般には，頂点あるいは図形のための座標系はプログラマーが用途に応じて任意に定め，出力画像の座標系とは一致しない。詳細は 3 章で解説する。

　また，数学的には頂点には大きさはないが，CG で出力表示された画像には大きさのある点として現れる。図 1.8 の例では幅・高さともに 1 画素の正方形として表示されている。慣習上，このように表示される大きさを頂点の大きさとみなすことが多い。極端な話，表示の大きさが 100 画素の頂点を指定することも CG 処理では可能である。そのような場合，実際には正方形に見えるものが表示される。もちろん，表示する前の図形の形状モデルとしての頂点は数学的概念としての存在なので，大きさはないと考える。

1.4.3　線分の表現例

　最後に，頂点以外の図形の表現例として，頂点のつぎに簡単な図形である線分の表示プログラムを**図 1.9** に示す。

　図（b）は実際に図（a）の入力プログラムを実行した際に提示される実行結果のウィンドウである。灰色の部分は余白で，中央やや左寄りの小さな白い正方形内に短く黒い右肩上がりの線分が描画された画像が出力として表示されている。解像度が 10×10 画素の画像はこのように小さなものとなる。

　この短い線分は Processing の line 命令により描画される。line 命令のパラメータとして 2 点の xy 座標 $(1, 5)$ および $(8, 2)$ が与えられ，それらを端点とする線分が描かれる。図（c）の拡大図は 1 本の線分にはとても見えない

```
void setup() {
  size(10, 10);
  stroke(0, 0, 0);
}
void draw() {
  background(255, 255, 255);
  line(1, 5, 8, 2);
}
```

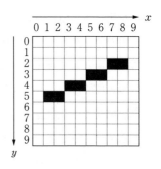

　（a）　入力プログラム　　　（b）　出力画像を表示　　　（c）　出力画像の拡大図
　　　　　　　　　　　　　　　　 したウィンドウ

図 1.9　線分の表示プログラムと出力画像の例

が，極端に拡大したうえにこの線分が非常に短いためである。このような線分がどんな方法で描画されるのかは 2 章でその原理を詳しく説明する。

1.4.4　プログラムとデータとの関係

　ここで，図 1.9 と CG の計算処理の一般的な流れを示した図 1.2 との対応関係を考察してみよう。図（a）の入力と図（b）の出力は図 1.2 のどの部分に対応するだろうか。

　図（b）の出力画像が図 1.2 の右端にある「画像」であることは明らかである。図（a）の入力プログラムは動き情報ではないので，「空間内の形・配置の情報」か「モデル（形状モデル）」のいずれかである。これは，「モデリング」の解釈の仕方によってどちらとも言える。モデリングが純粋にコンピュータ内部の計算処理でありレンダリングと一体化していると考えれば，図（a）は前者となる。一方，この場合のモデリングが手作業でプログラムを書いて入力する過程に対応する，と考えれば，図（a）はプログラムであると同時にモデルのデータでもあると解釈できる。実際図（a）のプログラムには xy 座標で表現されたデータが含まれている。

　実務的な CG 処理では，形状データがプログラム中に含まれることはなく，データファイルとして独立して保持される場合がほとんどである。これは，た

とえば表計算ソフトExcelのプログラムとユーザが作った.xlsx拡張子の表データファイルとの関係と同様である。

　本書は，簡単に実行してみて基礎概念を理解することが目的であるため，プログラム中にデータが含まれる（埋め込まれている）例を示す場合がほとんどである。実務面でみるとこれは特殊なケースであることを意識してほしい。

演　習　問　題

〔1.1〕　CGにおける三つの重要な要素技術をあげなさい。

〔1.2〕　ディスプレイに表示される色を表現するための三原色をあげなさい。

〔1.3〕　各表色系の利用目的をそれぞれ簡潔に述べなさい。

〔1.4〕　図1.9(b)で示した出力画像が仮に図1.5で示したデータ形式と同じ方法で表現されている場合，どのような数値が並ぶか考察しなさい。その画像データの中で，0の値となる数値は何個あるか。

〔1.5〕　方眼紙に，自分の趣味に関連する何らかの図形を，多数の線分を使って手描きで描きなさい。

〔1.6〕　Processingのline命令を使い，上記〔1.5〕で作った図形を表示するプログラムを書きなさい。

2章 基本図形の描画

2.1 線分描画アルゴリズムの概要

ディジタル画像に線を描画することは，適切な画素を選び，その画素の
RGB 値を指定された色の値にすることである。複雑に曲がっている線でも，
多数の短い線分をつなげて表現する場合がほとんどである。ここでは，一つの
線分が実際にどのような計算手順（アルゴリズム）によって描画されるかを詳
しく説明する。これを理解すれば，CG で描画されている線のほとんどについ
てその描画原理がわかっていることになる。

2.1.1 線分描画の実例

一般にアルゴリズムを理解するうえで，入力情報と出力情報を明確にするこ
とは重要である。線分描画の場合は，両端点の座標が入力，実際に線分が描か
れたディジタル画像（実体は図 1.5 で示すような数値データ）が出力情報とな
る。

この際，両端点以外の途中にあるどの画素を線分の色（この場合は黒）に塗
るか，という判定をすることが線分描画アルゴリズムの本質である。**図 2.1** は
いくつかのごく単純な例によって線分描画の入力と出力を示している。

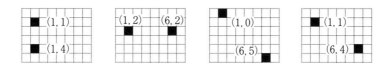

（a） 入力情報（両端点の座標）

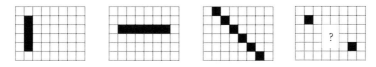

（b） 出力画像

図 2.1 線分描画の拡大図

この四つの例を見ると，左の3例は両端点の間のどの画素を埋めるかは自明のように見える。しかし，実際には右端の例のように自明でない例もある。

自明であるないにかかわらず，コンピュータに計算させるアルゴリズムとしてつねに同じ答を出す一貫した規則でなければならない。本節ではこの右端の例（画素と画素とを結ぶ線分を求める）を使ってその説明を行う。

これから説明する手法は**ブレゼンハムのアルゴリズム**（Bresenham algorithm）[1]と呼ばれるもので，1965年に論文発表され，現在でも用いられている手法である。

2.1.2　線分描画の妥当な前提条件

塗る画素を選ぶことで線分を表現するには，どのような形であれば一貫性があって妥当か，前提条件を明らかにしなければならない。

まず縦長か横長かの違いだけの二つの線分，つまり入力座標の x と y を入れ替えただけの線分について考えてみる。塗りつぶされる画素の並び方も横と縦を入れ替えただけになることが妥当であろう。この例を**図2.2**に示す。ともに2画素ずつ縦または横に並んだペアが4組，1画素ずつずれながら階段状に配置されている。

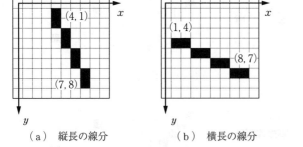

（a）　縦長の線分　　　（b）　横長の線分　　　（c）　塗りつぶす順番

図2.2　縦長の線分と横長の線分

つぎに，塗りつぶす画素同士の接続関係を考える。**図2.3**の横長の線分の例では，階段状になる場合の高さが変わる部分の接続例を三つ示している。図

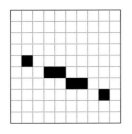 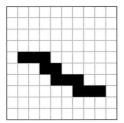 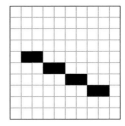

（ a ） 途中の各 x 座標を塗る 個数が 0 または 1 　（ b ） 同じく塗る個数が 1 または 2 　（ c ） 同じく塗る個数が 必ず 1

図 2.3　塗りつぶす画素同士の接続関係

（a）のように間が空いてしまう例は論外であろう。たとえ 1 画素でも，途中でまったく画素が塗られない x 座標（横長の場合）があってはならない。では図（b）はどうだろう。高さが変わるような x 座標で縦に 2 画素塗られている。これは図（a）よりは妥当だが，やや太い線分のように見える。高さが変わる回数が多い例，つまり図 2.1 のうち右から 2 番目のような斜め 45° の線分の場合に極端に太くなってしまう（実際に図 2.1 の右から 2 番目を鉛筆で縦 2 画素ずつになるように丁寧に塗ってみよう）。これも妥当とは言えない。

　結局，図（c）のように，横長の線分であれば途中のどの x 座標を見ても必ず 1 画素だけ塗られる，という結果になることが一貫性もあって見た目にも妥当である。一貫性があればその手順を明確に示すことができ，コンピュータに指示するアルゴリズムを構築できる。

2.1.3　線分描画アルゴリズムの本質

　一般にアルゴリズムは，手順を細分化して一つひとつのステップは基本的で自明な処理になるように記述する。ここでは，図 2.3 のような横長の線分でそのステップを考えてみよう。

　入力座標が与えられた順番（この場合 (1, 4)，(8, 7) の順番とする）で，始点と終点を定めよう。始点 (1, 4) の画素を塗ることは明らかである。後は終点 (8, 7) に向けて進みながら途中の画素を塗る，という手順にすればよい。

図(c)には少しずつ進みながら1画素ずつ塗っていく様子も小さな矢印で示している。

前述のように，途中のどのx座標を見ても必ず1画素だけ塗られる（横長の線分の場合）という一貫性を満たしながら，図(c)のように1画素ずつ塗っていく際には，つぎのような手順をとればよい。

（1）　横（x）は必ず1画素ずつ進む。

（2）　同時に，縦（y）は0画素または1画素ずつ進む。

ここで「0画素または1画素」という指定はあいまいである。この部分でどちらを選ぶか明確に判定する必要がある。この判定を行う手順が線分を描くアルゴリズムの中核であり，本質的な部分と言える。これを便宜上「進行判定」と呼ぶことにしよう。

また，「進む」というのもあいまいな表現である。正確には，注目すべきx座標やy座標の値を1ずつ増やすかまたは減らすということである。どちらにするかは始点と終点の座標値の大小によって決定され，途中で増減が変わることはない。

以上のことから，線分描画アルゴリズムの骨格をまとめると，いくつかの判定を行って始点から終点まで進みながら画素を塗っていく，ということになる。それらの判定条件は以下のようなものである。

（1）　与えられた線分が縦長か横長か。

（2）　終点に向けて1画素進む際，x座標を$+1$とするか-1とするか。

（3）　終点に向けて1画素進む際，y座標を$+1$とするか-1とするか。

（4）　短辺方向に0画素進むか1画素進むか，進行判定を行う。

これらの条件判定のうち，（1）〜（3）は事前に1回だけ行う。（4）は進行しながら何回か繰り返すことになる。ここで，（4）で使う「短辺方向」とは，横長の線分の場合ならy方向であり，縦長ならx方向を意味する。求める線分を斜辺とする直角三角形の短辺を想定しての命名である。

本節で示した，1画素ずつ進行判定をしていく線分描画手法は，一般に**DDA**（digital differential analyzer）と呼ばれる手法の一種である。

2.2　ブレゼンハムのアルゴリズム

2.1節で述べた前提条件やアルゴリズムの骨格と本質を捉えたうえで，実際のブレゼンハムのアルゴリズム（DDAの一種）を考えてみよう。

2.2.1　都合のよい座標系の設定

ここでは横長の線分について考える。つまり「必ず1画素ずつ進む」のはx座標であり，「0画素または1画素進む」のはy座標である。縦長の場合はxとyを入れ替えて同様の処理を行えばよい。

アルゴリズムの本質は，2.1.3項(4)で示した「0画素進むか1画素進むか」の判定である。ここに焦点をしぼって考えることにする。それ以外の判定(1)～(3)はほぼ明らかである。また，全体の手順は「始点から終点に向けて進む」ことにほかならない。

図2.4はここで使う例「始点と (1, 1) 終点 (6, 4) を結ぶ線分」のための座標系を示す。

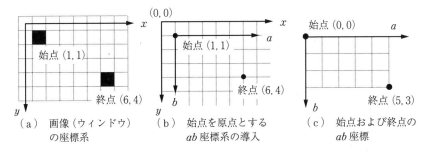

（a）画像（ウィンドウ）　　（b）始点を原点とする　　（c）始点および終点の
　　　の座標系　　　　　　　　　ab座標系の導入　　　　　　ab座標

図2.4　画素中心を格子点とし，始点を原点とする座標系の設定

図(a)は入力座標が画像のどこに対応するかを示す。図(a)における格子の一つひとつの点線のマス目（正方形）が画素を表し，整数の座標は画素の中心に相当するものとしている。x軸とy軸が各画素の中心を通る。これだと格子のマス目境界とx軸・y軸が一致せず考えにくい。

そこで，図(b)に示すように格子点が整数座標になるように0.5画素ずらし

た新たなマス目を設ける。この場合格子点が画素中心となる。

　さらに考えやすくするために，座標をずらし始点 (1, 1) を原点とするような座標系を新たに設ける。この座標系の横軸を a 軸，縦軸を b 軸と呼ぶことにしよう。図 (c) では，ab 座標系で始点は (0, 0) となり終点は (5, 3) となることを示している。

　以降，この座標系でアルゴリズムを考える。始点から終点に向けて進みながら 1 画素ずつ塗りつぶす処理は，ab 座標系の 1 格子点（整数座標）ずつ黒丸を置いていくことに相当する。

2.2.2　手順の明確化

　つぎに，いよいよ線分描画の手順を考えてみよう。始点と終点を結び，求めたい真の線分を図示したものが**図 2.5**(a) である。これを画像で適切に表現するような画素の塗りつぶしを行いたい。

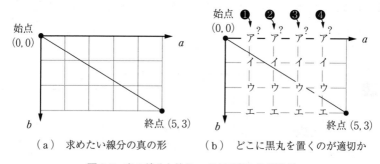

（a）　求めたい線分の真の形　　　（b）　どこに黒丸を置くのが適切か

図 2.5　真の線分と塗りつぶす画素の位置関係

　始点と終点の間の長辺（a 軸方向）は途中のどの整数 a 座標を見ても必ず 1 画素だけ塗られることは図 2.3(c) で例示した。このことは，図 2.5(b) に示すように，途中の四つの整数 a 座標に 1 個ずつ黒丸を割り当て，それぞれの直下の格子点（整数 b 座標）に置くことに相当する。❶〜❹ のそれぞれをどの格子点（ア〜エ）に置くのが適切だろうか。

　図 2.5(b) を見れば，四つの黒丸をそれぞれどこに置くか，おそらく大半の

読者が合意すると思う。そしてなぜそれらを選んだか，どの黒丸についても一貫した理由を説明できるだろう。

2.2.3 手順の定式化

ここまで準備したら，いよいよアルゴリズムの**定式化**（formulation）を行う。定式化とは数式を用いてアルゴリズムの手順を明確にすることである。

始点から終点に向けて進んでいくにあたって，求めたい線分の横方向の長さ（この場合長辺）と縦方向の長さがそれぞれ何画素分なのかを知っておく必要がある。この例ではそれぞれ 5 および 3 ということになるが，定式化のためには変数にしておく。横の長さを Δa，縦の長さを Δb と表記しよう。こうすると，始点座標が $(0,0)$ だから，終点座標は $(\Delta a, \Delta b)$ となる。

ここで途中のどの画素を塗りつぶすか，つまり黒丸をどこに置くかをもう一度考えてみよう。**図 2.6**(a)では，黒丸を置く「候補格子点」を〇印で示した（図 2.5 中のア〜エよりも候補を絞った）。そのうち真の線分により近い候補格子点が妥当な塗りつぶし画素であろう。

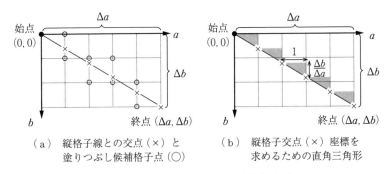

（a）　縦格子線との交点（×）と　　　（b）　縦格子交点（×）座標を
　　　塗りつぶし候補格子点（〇）　　　　　　求めるための直角三角形

図 2.6　真の線分の解析による定式化（1）

どちらが真の線分に近いかは，両候補格子点を結ぶ縦格子線上に注目すると考えやすい。真の線分が縦格子線と交差する交点（×印）を便宜上「縦格子交点」と呼ぶことにしよう。この縦格子交点により近い候補格子点を選べばよさそうである。実際，横長の線分の場合，両候補格子点から線分への距離の比較

結果は，両候補格子点から縦格子交点への距離の比較結果と同じになる。

　定式化にあたってはこの距離（縦格子線上での○から×への距離）の計算式を導出する必要がある。

　まずは×印の縦格子交点座標を算出してみよう。

　始点から終点に向けて進む際，真の線分上の横方向の a 座標は必ず 1 画素ずつ進むから a 座標の導出は容易である。b 座標は整数値にはならず，少しやっかいである。そこで，図（b）中に灰色で示した五つの小さな直角三角形を考えてみる。これらの直角三角形は，求めたい真の線分を斜辺とする長辺 Δa 短辺 Δb の大きな直角三角形と相似形である。

　したがって，小さな直角三角形の長辺は 1，短辺（縦方向）は $\Delta b/\Delta a$ となる。縦格子交点の b 座標はこの $\Delta b/\Delta a$ を積算していけば算出できる。

　この時点で，線分描画アルゴリズムの本質である進行判定（横長の場合，縦方向に 0 画素進むか 1 画素進むかの判定）を考えることができる。

　縦格子交点が上下どちらの候補格子点に近いかは，上のほうの候補格子点からの距離によって判定できる。すなわち，その距離が 1/2 未満であれば上のほうの候補格子点に黒丸を置き，縦方向には進まない（0 画素進む）。その距離が 1/2 以上なら下のほうの候補格子点に黒丸を置き，縦方向に 1 画素進む。この様子を**図 2.7**（a）に示す。

　ここで「1/2 未満」の代わりに「1/2 以下」とし「1/2 以上」の代わりに「1/2 を超える」とそれぞれ定めることも妥当であるが，縦格子交点 b 座標の小数を四捨五入すると考え，前記のように「1/2 未満」「1/2 以上」と定めることとする。

　ここまで来れば定式化できる。しかし，距離計算の際に $\Delta b/\Delta a$，1/2 という分数を扱うことになる。これは二つの意味で避けたい計算である。

　まずこれから説明する数式が分数になり理解しづらいという点がある。それから，これが実際上重要なのだが，コンピュータで演算する場合は実数での計算よりも整数での計算のほうがはるかに速いという現実がある。

　そこで，分数で考えることは回避したい。すなわち，通分と同様の措置をと

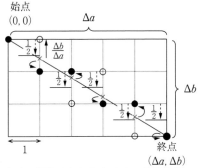

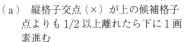

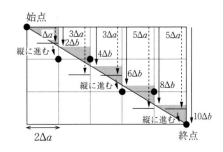

（a）　縦格子交点（×）が上の候補格子
点よりも 1/2 以上離れたら下に 1 画
素進む

（b）　分数を避けるため，全体を $2\Delta a$ 倍
して考える

図 2.7 真の線分の解析による定式化（2）

る。幸い，二つの距離を比較する場合，両方とも同じ値を掛けても比較結果は
同じだから，このような措置をとって構わない。

　分母になっているのは Δa と 2 であるから，全体に $2\Delta a$ を掛けてしまって考
えれば，距離計算も比較判定も整数演算で行うことができる。図（b）はこのよ
うに整数の距離の比較に持ち込んだ結果である。この例では $\Delta a = 5$, $\Delta b = 3$ であ
るから，実際に図中に書かれた下向き矢印で示す距離を数値で考えてみるとよ
い。

　比較する縦方向位置はつぎの二つである。一方は実線矢印で示す縦格子交点
b 座標で，これは毎ステップずつ $2\Delta b$ 増える。もう一方は，上の候補格子点と
下の候補格子点の中間位置（つまりは画素境界）の b 座標である。これは破線
矢印で示してある。

　結局，各ステップで，縦格子交点の b 座標（実線）から画素境界の b 座標
を（破線）引いて，0 以上ならば塗る画素（●で示す）も画素境界も b 座標を
$2\Delta b$ 増やし，マイナスなら塗る画素も画素境界も b 座標は変わらない。もちろ
ん，各ステップで a 座標は必ず $2\Delta a$ ずつ増える。このように移動しながら進
み画素を毎ステップ塗っていく。

　毎ステップの漸化式を使って b 座標を計算し，判定手順を定式化するとつぎ

のようになる。なお，変数 ∇ は「ナブラ」と読む。

$$\nabla_1 = 2\Delta b - \Delta a \tag{2.1}$$

$$\nabla_{i+1} = \begin{cases} \nabla_i + 2\Delta b - 2\Delta a & (\nabla_i \geqq 0) \\ \nabla_i + 2\Delta b & (\nabla_i < 0) \end{cases} \tag{2.2}$$

ここで ∇_i は，i 番目のステップにおいて，縦格子交点の b 座標（実線）から画素境界の b 座標を引いた距離である。∇_i が 0 以上の場合と負の場合とでつぎの画素境界が増えるかどうか決まる。

また，i 番目のステップで塗る画素の座標 (x_i, y_i) はつぎのように計算できる。ただし，(x_0, y_0) は線分の始点とする。

$$x_i = x_{i-1} + 1 \tag{2.3}$$

$$y_i = \begin{cases} y_{i-1} + 1 & (\nabla_i \geqq 0) \\ y_{i-1} & (\nabla_i < 0) \end{cases} \tag{2.4}$$

以上のような手順により，本節で使う線分描画例で各種の値がどう変化するかを示したのが**表2.1**である。

表2.1　定式化（漸化式）による各値の変化

a 座標（毎回1画素進む）／b 座標の位置	始点	1	2	3	4	5
（1）　縦格子交点（実線矢印）		$2\Delta b$	$4\Delta b$	$6\Delta b$	$8\Delta b$	$10\Delta b$
（2）　画素境界（破線矢印）		Δa	$3\Delta a$	$3\Delta a$	$5\Delta a$	$5\Delta a$
$\nabla_i = (1) - (2)$		0, +	−	0, +	−	0, +
縦に進むか？		Yes	No	Yes	No	Yes
塗る画素の (a, b) 座標	(0, 0)	(1, 1)	(2, 1)	(3, 2)	(4, 2)	(5, 3)

また，この結果によって得られる線分は**図2.8**のようになる。ここでは ab 座標系ではなく，画像の xy 座標系で示してある。また，実際に Processing により描かれた線分を**図2.9**に示す。

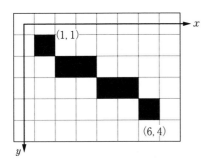

図2.8　ブレゼンハムのアルゴリズム
によって得られた線分

```
void setup() {
  size(8, 6);
  stroke(0);
}
void draw() {
  background(255);
  line(1, 1, 6, 4);
}
```

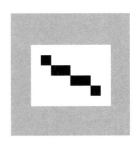

（a）　入力プログラム　　　（b）　実行結果　　　（c）　実行結果の拡大図

図2.9　線分描画の例題を Processing で実行した結果

2.2.4　線分描画の実験

本項では，実際に Processing を用いて線分を描いてみる実験を行う。

プログラム例を**図2.10**に示す。関数 myLine は，始点 (x_0, y_0) と終点 (x_1, y_1) を結ぶ線分を描く関数である。

2.2.3項で述べた定式化によって得られた数式も実装されている。判定用の変数 ∇（ナブラ）の初期値を求める式（2.1）は14行目に対応する。∇ の値を更新する漸化式（2.2）は17行目および20行目に対応する。

さらに，横方向 x に毎回進むことを記述した漸化式（2.3）は22行目に書かれている。縦方向 y はその時点の ∇ の値によって進むか否かが変わる。漸化式（2.4）のうち y が進むケースは，図2.10のプログラムの18行目に対応する。

```
MyLine  ▼
1  void myLine(int x0, int y0, int x1, int y1) {
2    int dx, dy;//始点から終点に向け1画素ずつ
3            //たどるときの増分（+1または-1）
4    if (x0 < x1) dx = 1; else dx = -1;
5    if (y0 < y1) dy = 1; else dy = -1;
6    int x, y;//始点から終点までたどる画素の位置を保持
7    x = x0; y = y0;//まずは始点を注目画素とする
8    point(x, y);//始点の画素に点を描画する
9
10   int deltaA = abs(x1 - x0);//Δaの値（固定）
11   int deltaB = abs(y1 - y0);//Δbの値（固定）
12   if (deltaA > deltaB) {
13     //横長の線分の場合の処理
14     int nabla = 2 * deltaB - deltaA;
15     for (int i = 1; i <= deltaA; ++i) {
16       if (nabla >= 0) {
17         nabla = nabla + 2 * deltaB - 2 * deltaA;
18         y = y + dy;//縦に1または-1進む
19       } else {
20         nabla = nabla + 2 * deltaB;
21       }
22       x = x + dx;//横は毎回1または-1進む
23       point(x, y);//途中の画素に点を描画する
24     }
25   } else {
26     //縦長の線分の場合の処理
27     //////（省略）
28   }
29 }
```

図 2.10 ブレゼンハムの線分描画アルゴリズムの実装例

2.2.5 始点と終点の順番の影響

ブレゼンハムのアルゴリズムでは同じ2頂点を指定しても，始点と終点を入れ替えると結果が少し異なる場合がある。この例を**図 2.11**に示す。このようになる理由は，1画素ずつたどりながら前の画素との相対的な変化（表2.1における Yes, No の並び）を決定している点に起因している。

図2.11 の例では，毎回長辺方向に1画素進む際に短辺方向にも進むかどうかの決定結果はいずれも "Yes-No-Yes-No-Yes-No" の順番で一貫しているが，始点と終点を入れ替えると逆の結果になることがわかる。

また，アルゴリズムの細部で ∇_i が0の場合の符号判定を正とみなすことにするか負とみなすことにするかによって結果が同様に変わることにも注目したい。式 (2.2) や式 (2.4) では，∇_i が0の場合は正とみなすことにしている。これを負とみなすことに方針を変えると，始点・終点は図（a）のようであっても結果は図（b）のようになる。

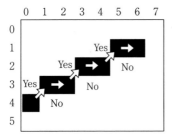 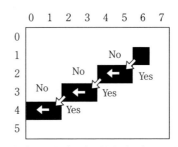

（ a ） 始点 (0, 4)，終点 (6, 1) の場合 　（ b ） 始点 (6, 1)，終点 (0, 4) の場合

短辺方向に進む場合を "Yes"，そうでない場合を "No" で示す。

図 2.11 始点と終点の順番により異なる結果となる例

しかしながら，どちらの結果も近似の線分描画としては本質的には同じで，CG のアルゴリズムをプログラムに書き起こす（実装する）際にどちらの方針にしても構わない。このような状況は実装依存と呼ばれ，CG アルゴリズムあるいはアルゴリズム一般の実装においてプログラマーがしばしば直面する選択である。

2.3　三角形の塗りつぶし（ラスタ化）

本節では，最も重要な CG 描画処理の一つである三角形の塗りつぶしアルゴリズムについて述べる。ゲームにおけるキャラクターや工業デザインにおける車などの形状設計データは，3 次元 CG で描画される。これらの形状モデルは，たとえデザイナーが指定しコンピュータ内部で保持する情報としては曲面（4章参照）であったとしても，画面表示の段階では多数の小さな三角形を貼り合わせた形状として描画される。本節では一つの三角形の塗りつぶし処理手順を説明する。これを理解することにより，ほとんどの形状モデルの表示原理を理解したことになる。

2.3.1　三角形の重要性
3 次元 CG 画像に登場するモデルはほとんどが三角形として描画されている

と言ってもよい。丸みを帯びたり入り組んだりした形状でも小さな三角形を貼り合わせて作られ，**ポリゴン曲面**（polygonal surface）と呼ばれる。

　入り組んだ構造が細かすぎてポリゴン曲面で表現しきれない表面形状は，大きめの三角形に模様（テクスチャ画像）を貼り付けて疑似的にリアルに見せて表示する。典型例として，二つの三角形でできた透明な一枚板に樹木や雲などのテクスチャ画像を貼り付ける，ビルボードあるいは俗に板ポリ（板ポリゴン）などと呼ばれる手法がある。

　いずれにしても，三角形の塗りつぶし処理は 3 次元 CG における最重要の処理の一つである。本書では，特にゲーム制作や工業製品の CAD（computer-aided design）で用いられるリアルタイム 3 次元 CG における三角形塗りつぶしの手法 [2),3)] を説明する。

　一方で，時間を掛けて高品質の CG 画像生成を行うバッチレンダリングあるいはプリレンダリングの場合，すなわち映画制作や工業製品カタログ画像制作などでは**レイトレーシング**（ray tracing）あるいは**パストレーシング**（path tracing）という手法を用いる。本書では触れないが，レイトレーシング等においても形状を三角形で近似し，三角形描画に帰着して処理をすることが多い。

2.3.2　三角形ラスタ化アルゴリズムの要求仕様

　三角形の塗りつぶしの本質は，三角形内部にある画素を 1 画素ずつ埋めていくことである。結果として図形がディジタル画像として出力される。このような図形の塗りつぶしを**ラスタ化**（rasterization）と言う。

　図 2.12 は 10×10 の小さな画像におけるラスタ化の例である。ラスタ化の入力情報は頂点座標の数値データと塗りつぶしに使う色を指定する画素値である。図（a）にその一例を示す。ラスタ化処理の結果，画像が図（b）のように出力される。

　この例では，三角形内部だけでなく，各辺の線分についてもラスタ化処理を行っている。2.2 節で述べたブレゼンハムのアルゴリズムは線分のラスタ化処理のアルゴリズムであると言える。

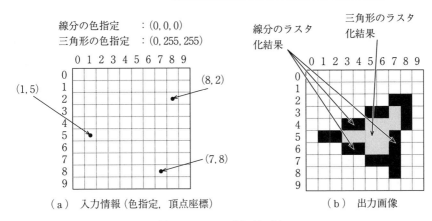

（ａ）　入力情報（色指定，頂点座標）　　　　　（ｂ）　出力画像

図 2.12　ラスタ化処理の例

　アルゴリズムに関してなにを入力データとしてなにを出力できればよいか規定する前提条件は，アルゴリズムの**仕様**（specification）と呼ばれる。ここでは三角形のラスタ化処理における仕様について述べる。

　三角形ラスタ化の入力仕様は単純で，図 2.12 に例示したように，3 頂点に対応する画像上の 3 点の座標 (x_0, y_0)，(x_1, y_1)，(x_2, y_2)，および三角形内部の色 (R, G, B) である（3 頂点に別々の色を指定する場合の処理は 2.3.5 項で述べる）。

　もちろん，3 次元 CG のポリゴン曲面であれば三角形の頂点は空間の 3 次元座標で定義されるが，座標変換によって最終的には画像上の 2 次元頂点座標が用いられる。座標変換については 3 章で説明する。

　出力の仕様は少し複雑である。結局はある 1 画素を判定して三角形内部なら塗る，そうでなければ塗らない，とすればよいのだが，三角形の辺をまたぐ画素の判定については細かく定めないといけない。

　また，1 辺を共有する二つの三角形を塗りつぶした場合に共有する辺のところにすき間ができてはいけない。さらに，塗りつぶした三角形と同時に各辺の線分を描画した場合に，線分と塗りつぶした領域との間にすき間ができてはいけない。

1辺を共有する二つの三角形にすき間がないことは重要である。2.3節の冒頭で述べたように，3次元CGでは多数の三角形を貼り合わせて形状表面を表現する。例えば辺の始点と終点を入れ替えた場合に，線分描画のように塗りつぶし結果が違っては，すき間が3次元形状モデルのいたるところに見えてしまう結果になる。これは避ける必要がある。

2.3.3　各画素の塗りつぶし判定基準

三角形のラスタ化では，ブレゼンハムの線分描画手法のように相対的にたどるやり方はとらない。画素の絶対位置が決まればその画素が三角形内部か外部かを一貫した規則で判定する（内外判定）。

これにより，1辺を共有する二つの三角形で，共有辺上の画素は必ずいずれか一方の三角形に含まれることが保証される。したがって共有辺の部分にすき間や重なりは生じない。

本項ではラスタ化の手順ではなく，結果的にどうなるべきかを決定する各画素塗りつぶしの判定条件の一例を述べる。2.3.2項で述べた要求仕様（外部仕様）に対し，本項で述べることはその要求を満たすための実装仕様（内部仕様）と言える[†]。

まず，各画素の位置座標の基準を定める。画素は大きさのある正方形だが，代表する1点の座標に対応付ける必要がある。線分描画の場合は基準点として画素の中心を選んだ。三角形塗りつぶしでは，画素の左上隅を基準点とする。

このように三角形内部と各辺とでラスタ化で用いる基準座標を $(0.5, 0.5)$ だけずらしておく。内部の塗りつぶしと各辺の線分描画の両方を行った場合で，線分上のある画素が1画素ずれても，辺と内部とのすき間は生じない。このような結果の一例を**図2.13**に示す。

つぎに，実際に各画素の内外判定について述べる。ここでは九つの頂点の一部を共有する，**図2.14**に示す八つの三角形を考えてみる。田の字型に配置さ

---

†　本項で説明する判定基準はProcessingの`triangle`関数による三角形描画を分析した結果をもとに一例として示すものである。

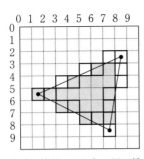

（a） 塗りつぶしと 3 辺の線分を重ね合わせた描画結果（わかりやすくするため線分の画素は枠だけを示した）

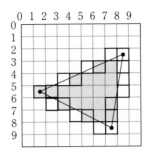

（b） 左記（a）の各線分で始点と終点の指定順を入れ替えた描画結果

図 2.13 始点・終点の順序によって線分の描画がずれる例（辺と内部のすき間は生じない）

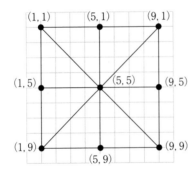

図 2.14 頂点を共有する八つの三角形

れた辺に加え，斜め 45° の 2 方向の辺で構成される。どの頂点もそれぞれ画素左上の基準点に一致している。そのため頂点座標はすべて整数値になっている。

まず，与えられた三角形の真の 3 辺を想定する。このとき，画素基準点が 3 辺すべての内部にあればその画素は塗りつぶすものとする（**図 2.15**（a））。この方針には異論はないだろう。

問題は画素基準点が辺の上に存在する場合の扱いである。一貫した規則になっていればよいので，ここでの例として，そのような境界上の画素は，基準点の右側近傍の図形（または背景）内に存在するものとする（図（b））。

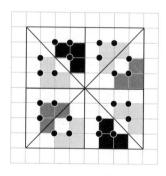

（a） 基準点が三角形内部に存在
する画素は判定が自明

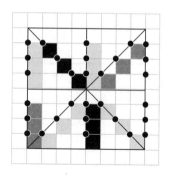

（b） 基準点が辺上にあって右側
近傍で内外判定できる画素

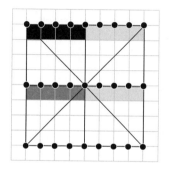

（c） 基準点が辺上にあって右側
近傍で内外判定できない画素
は下側近傍で内外判定する

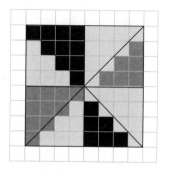

（d） 八つの三角形の塗りつぶし
結果

図 2.15　各画素の塗りつぶし判定の方針例

さらに，それでも内外判定できない場合，すなわち右側近傍が水平の辺上に
ある場合は，下側近傍の図形内に存在するものと判定すればよい（図（c））。
結果として，図（d）に示すような三角形の塗りつぶしが行われる。

ここで，1頂点の入力座標が変わった場合に結果がどう変わるか見てみよ
う。八つの三角形すべてが共有している頂点 $(5, 5)$ をわずかに右に動かし
$(5.5, 5)$ に変化させてみる。すると，各画素の基準点（左上隅）のうち，所属
する三角形が変わる画素の色が変わり，結果として図 2.16（a）のようになる。
さらにこの頂点を下に動かし座標を $(5.5, 5.5)$ に変化させると，図（b）のよ

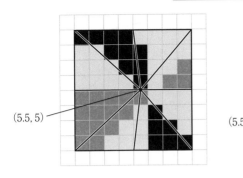
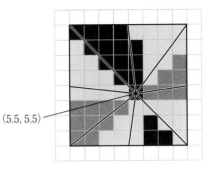

（ａ）　共有の頂点を右に動かした場合　　　　　（ｂ）　続けて下に動かした場合

図2.16　共有頂点を動かした場合の塗りつぶし結果

うになる。

　いずれの場合でも，これまで説明した以下のような条件をすべての画素が満たしていることを確認してみよう。

（1）　画素の基準点（左上隅）が三角形内部にある場合：

　　　その三角形の色で塗る。

（2）　基準点が辺上にある場合：

　　　基準点右側近傍が含まれる三角形の色で塗る。

（3）　基準点右側近傍が水平線上にある場合：

　　　水平線下側の三角形の色で塗る。

併せて，これらの条件を適用すると，三角形の頂点座標が整数でない場合でも塗りつぶし結果が一意に決まることに着目してほしい。

2.3.4　三角形ラスタ化処理手順の概略

　本項では，2.3.3項で示した条件を満たすように三角形を塗りつぶすアルゴリズムの概略を述べる。入力は3頂点で出力は塗りつぶされた各画素を含むディジタル画像である。入力の座標は非整数でも構わない。

　ここではアルゴリズムの主要部分を説明し，特殊な条件の場合の処理は省略する。例えば，2頂点以上の座標が一致する場合や，3頂点が一直線上にある

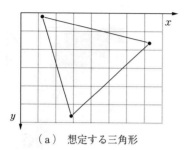

（a）　想定する三角形

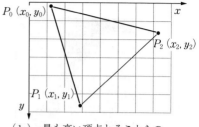

（b）　最も高い頂点とそこからの
　　　　二つの稜線を見つける

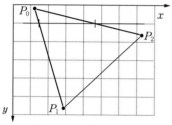

（c）　P_0 のすぐ下の整数 y 座標の水平線と
　　　　二つのエッジとの交点を求める

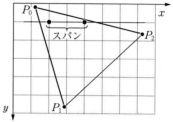

（d）　2 交点のすぐ内側の整数 x 座標の
　　　　端点を二つ求める

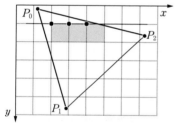

（e）　スパン（端点とその間の画素）を
　　　　塗りつぶす

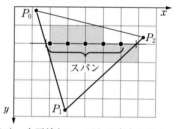

（f）　水平線とエッジとの交点を求め
　　　　内部を塗りつぶす

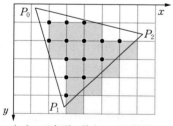

（g）　三角形の塗りつぶし結果

図 2.17　三角形塗りつぶし手順

場合はなにも塗りつぶさない。

例として，**図2.17**(a)に示すような三角形を考える。まず，3頂点のy座標を調べ，最も高い位置にある頂点$P_0(x_0, y_0)$を見つける（図(b)）。そして，P_0から出る二つの辺P_0P_1およびP_0P_2を取り出す。

つぎに，P_0のすぐ下にある整数y座標を見つけ，その高さの水平線と現在の二つの辺との交点を求める（図(c)）。その2交点のそれぞれのすぐ内側にある整数x座標を端点とする範囲（スパンと呼ぶことにする）を求める（図(d)）。この際には2.3.3項の最後にまとめた条件(1)〜(3)を考慮する。

スパンが決まったら，その範囲内にある画素を順番に塗りつぶしていく（図(e)）。

水平線を1画素ずつ下げながらこのような処理を繰り返す。もしエッジの一方と交差しなくなった場合は，新たに交差する辺（この場合P_1P_2）を対象の辺として入れ替える。図(f)にこのような場合のスパンとその塗りつぶし結果を示す。

図(g)はすべてのスパンについて繰返しが終わり，三角形塗りつぶしが完成した結果である。

2.3.5　スムーズシェーディングにおける三角形ラスタ化処理

実際に三角形が使われる重要な例は3次元CGにおけるポリゴン曲面であることは2.3.1項で述べた通りである。ポリゴン曲面では，**スムーズシェーディング**（smooth shading）と呼ばれる手法により，三角形の並びを曲面形状に見せかける処理を行う。

図2.18では，スムーズシェーディングを行っていない（**コンスタントシェーディング**（constant shading）の）ポリゴン曲面とスムーズシェーディングのポリゴン曲面との違いを示す。

スムーズシェーディングは，三角形の3頂点に別々の色を入力として割り当て，三角形内部の画素は少しずつ変化した（俗にグラデーションと呼ばれる）色を補間して求める処理である。

（a）三角形単位で色を付けた場合
　　（コンスタントシェーディング）

（b）三角形の頂点単位で色を指
　　定し画素単位で補間した場合
　　（スムーズシェーディング）

図 2.18　ポリゴン曲面の三角形ラスタ化の例

　隣接する三角形と頂点を共有すればその頂点の色も共有する。そのため，三角形同士が共有する辺の部分でも色の連続性が保たれ，ポリゴン曲面全体は丸みを帯びた形状に見えることになる。

　じつはこの補間処理は 2.3.4 項で述べた塗りつぶし処理の中で同時に行われる。本項ではその部分について説明する。

　おおまかに言うと，塗りつぶし前に隣り合う画素（x 方向 y 方向それぞれ）との色（画素値の R, G, B）の差分を事前計算し，画素を塗りつぶすたびに差分を足し合わせながら補間結果の色を求める，というやり方である。この方法は**増分法**（incremental method）と呼ばれる。1 画素あたりの差分（増分）を事前計算する処理は**三角形セットアップ**（triangle setup）と呼ばれる。

　三角形セットアップは三角形の内部の最初の画素を塗る前に行われる。図 2.16 で言うと，最初のスパンが求まり対応画素を塗りつぶす直前の，図（d）と（e）の間のタイミングである。

　3 頂点 $P_0P_1P_2$ の入力画素値をそれぞれ (R_0, G_0, B_0)，(R_1, G_1, B_1)，(R_2, G_2, B_2) とする。ここでは画素値のうち R についてだけ述べる。G, B についても同様である。画素値の x 方向 y 方向それぞれの 1 画素あたりの増分を R_x, R_y とする。頂点 P_0 から P_1 の画素値の差，および頂点 P_0 から P_2 の画素値の差に着目

すると，次式が成り立つ。

$$\begin{cases} R_1 - R_0 = R_x(x_1 - x_0) + R_y(y_1 - y_0) \\ R_2 - R_0 = R_x(x_2 - x_0) + R_y(y_2 - y_0) \end{cases} \tag{2.5}$$

この方程式を R_x, R_y について解くと，増分はつぎのように求まる。

$$\begin{cases} R_x = \dfrac{(R_1 - R_0)(y_2 - y_0) - (R_2 - R_0)(y_1 - y_0)}{\Delta} \\ R_y = -\dfrac{(R_1 - R_0)(x_2 - x_0) - (R_2 - R_0)(x_1 - x_0)}{\Delta} \end{cases} \tag{2.6}$$

ここで，$\Delta = (x_1 - x_0)(y_2 - y_0) - (x_2 - x_0)(y_1 - y_0)$ で，この値は三角形の面積に相当する。

この計算は最初に一度だけ行えばよい。また，最初に塗りつぶされる画素（図2.16(e)のスパンのうち左端の画素）については，例えば頂点 P_0 の画素値からの差分を小数の乗算で求める必要がある。

以上のような三角形セットアップの事前計算をしておけば，途中の塗りつぶしの画素は，整数値 R_x, R_y の加算を繰り返すことで計算できる。

図2.16(e)や(f)の処理に相当する部分でスパン内を左から右に1画素進むたびに，塗るべき色は R_x を加算して求める。図2.16(e)から(f)になる場合のようにスパン位置が上から下に1画素進むたびに，下のスパンの左端の画素は，上のスパンの左端の画素からのずれに応じて（この場合横に0画素，縦に1画素），適切な値を（この場合 R_x を0回，R_y を1回）加算する。

図2.19 に，このようなスムーズシェーディングによるラスタ化の過程により三角形を塗りつぶした結果を示す。ここでは，3頂点 $P_0 P_1 P_2$ の入力座標は $(x_0, y_0) = (1.2, 0.2)$，$(x_1, y_1) = (2.9, 5.6)$，$(x_2, y_2) = (7.25, 1.6)$，入力画素値としてそれぞれ $R_0 = 0$，$R_1 = 200$，$R_2 = 250$ を設定した。x 方向 y 方向の1画素あたりの増分はそれぞれ $R_x = 35$，$R_y = 25$ となっている。

ここで，増分値 R_x, R_y は一つの三角形内部のどの画素についても一定であることに注意しよう。平面の傾きはその平面上のどの点でも一定であることから，隣接画素との増分値も一定であることは直感的にも理解できるであろう。

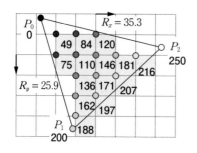 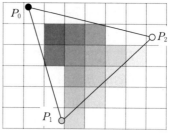

（a） 画素の基準点に塗りつぶし結果の
　　　点を置いた結果

（b） 実際の画素の塗りつぶし結果

図 2.19 スムーズシェーディングによる三角形塗りつぶしの結果

なお，式（2.6）の計算で小数点以下が切り捨てられることにより，整数 R_x, R_y には誤差（丸め誤差）が含まれる。これを緩和するために，事前に入力画素値や増分 R_x, R_y の精度（各データのビット数）を大きくしておき，各画素の出力画素値を求めた後で割り算（ビットの右シフト演算）を行う。これにより，整数値でありながら実質的に $R_x = 35.3$, $R_y = 25.9$ として計算したのと同じ精度の結果が得られる。

画素値は R, G, B それぞれ 8 ビットで表現するが，このように計算途中では精度を大きくするのが一般的である。

2.3.6　グラフィックスハードウェアにおけるラスタ化

リアルタイム 3 次元 CG では，色（画素値・輝度値）以外の各種数値も含め，以下のような値に関して，隣接画素との増分を用意できる。

・画素値（R, G, B それぞれ）

・深度値（z）

・テクスチャ座標（(u, v) のそれぞれ）

・その他

深度値は，すでにスクリーン平面上での xy 座標が定まっている各画素での z 方向の座標として求める。

もともと三角形は，3 次元空間内の形状として設定する。そして座標変換

（3章で述べる）により3頂点がスクリーン平面上に投影される。このときスクリーン平面に垂直な奥行（深度値）z も求まる。そして画素値 R と同様にラスタ化により各画素の深度値 z が求まる。

　各画素の深度値 z は，同じ xy 座標の画素に存在して奥行が違う場所にある二つの三角形の前後関係を判定する **z バッファ法**（z-buffer method）で用いる。

　z バッファ法は，入力視点に最も近い三角形だけを選択して表示するための**隠面消去**（hidden surface removal）の一種で，画素単位で正しく判定できる方法である。**デプスバッファ法**，**深度バッファ法**（depth buffer method）とも呼ばれ，広く利用されている。

　テクスチャ座標（u, v）は，三角形表面に画像を貼り付ける処理である**テクスチャマッピング法**（texture mapping method）で必須の情報で，三角形内部の1点を貼り付けもとの画像（**テクスチャ画像**, texture image）の中の1点に対応付けるものである。テクスチャ座標をラスタ化で補間することにより，画素単位で正確にテクスチャ画像を貼り付けることができる。

　いずれの値も3次元 CG での重要な処理に使われる。隠面消去やテクスチャマッピングに関しての詳細は本書では触れず，ほかの教科書に譲る。

　図2.20 は，リアルタイム3次元 CG のハードウェア処理の基本的な流れを示すものである。三角形のラスタ化処理がリアルタイム3次元 CG において中核的な位置付けにあることを示している。

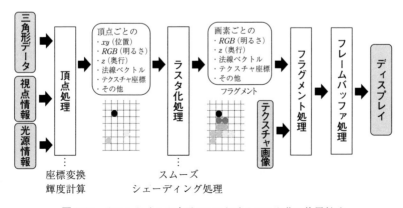

図2.20　リアルタイム3次元 CG におけるラスタ化の位置付け

ラスタ化の前後の情報は同じ種類であるが，入力は 3 頂点分だけのデータであるのに対し，出力は三角形内部全画素分のデータがあることに注目しよう。各三角形の各画素におけるこのような情報のことを**フラグメント**（fragment）と呼ぶ。

フラグメントの情報で「その他」とあるのは，各頂点に任意の数値情報（例えば，表面温度や応力など）を付加して各画素でラスタ化による補間結果を計算できるということである。このような設定は，独自の情報や処理を CG 処理に組み込む，**シェーダー**（shader）と呼ばれるプログラムで実現できる。

頂点処理やフラグメント処理はシェーダーによりカスタマイズできる。一方で，ラスタ化処理は対応するシェーダーはなく，カスタマイズはできない。必ず行われる処理である。

2.4　アンチエイリアシング

これまで，ディジタル画像における線分描画や三角形塗りつぶしなどのラスタ化の処理を説明してきた。結果として図 2.8 や図 2.17（g）のような画像が得られる。これらの図では，塗られる画素と塗られない画素の境界部分が，本来は斜めの直線になるべきところが階段状の形になっている。

本当にこんな出力結果でよいのか，疑問を持つ読者もいるだろう。もちろん，図では説明のために画素が大きく見えるように大幅に拡大して提示している。実際の画像は人の眼にはこれほど極端に階段状には見えない。それでも条件によってはこのような階段状の**ジャギー**（jaggy）と呼ばれるギザギザが目立ってしまう場合がある。

本節では，ジャギーを緩和するための手法である**アンチエイリアシング**（anti-aliasing）について述べる。

図 2.21 はアンチエイリアシングなしの場合とありの場合とを比較した表示例である。Processing プログラムでは，smooth 関数の呼出しにより図形描画の際アンチエイリアシング処理を行う設定ができる。noSmooth 関数の呼出

```
void setup() {
  size(10, 10);
  stroke(0, 0, 0);
  noSmooth();
  fill(0, 255, 255);
}
void draw() {
  background(255, 255, 255);
  triangle(1, 5, 8, 2, 7, 8);
}
```

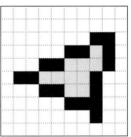

（a） アンチエイリアシングなしの場合

```
void setup() {
  size(10, 10);
  stroke(0, 0, 0);
  smooth();
  fill(0, 255, 255);
}
void draw() {
  background(255, 255, 255);
  triangle(1, 5, 8, 2, 7, 8);
}
```

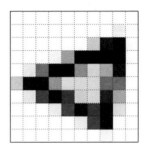

（b） アンチエイリアシングありの場合（口絵 5 参照）

図 2.21　アンチエイリアシングの有無による三角形描画
（辺の線分描画と内部の塗りつぶし）の例

しによりアンチエイリアシング処理は行われなくなる。

2.4.1　アンチエイリアシングの目的と活用

　アンチエイリアシングがどのような場合に用いられるか，その状況や目的は
明確である。それは，最終的に何らかの作品として人々に見せたい CG 画像を
作成する場合である。鑑賞者に提示する画像にジャギーのような見栄えの悪い
部分があってはならない，という考え方である。

　そのため，映画作品や CM 映像などを CG で制作する際には，最終的に必ず
アンチエイリアシング処理を伴う CG 描画を行う。地味な技術であるが，処理
は意外と複雑で計算時間も要する。そのため，リアルタイム処理を要求される
ゲームプレイ中の CG 描画ではアンチエイリアシング処理を行わないことも多

い。画質の細部よりも高速な反応のほうが重要という考え方である。

2.4.2 輝度判定の方法

アンチエイリアシング処理の結果，図形の画素値はどのような値になっているのか，Processing による線分表示を例にとって観察してみよう。**図 2.22** は，背景の色を黒とし，2端点 (1, 1) および (7, 4) を結ぶ白い線分の表示を拡大した様子である。

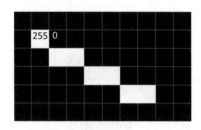 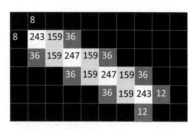

（ a ）　アンチエイリアシングなしの場合　（ b ）　アンチエイリアシングありの場合

図 2.22　アンチエイリアシングの有無による線分の画素値の違い

図（ a ）のアンチエイリアシングなしの場合は，色の指定通りに背景の画素値は 0 に，線分の画素値は 255 になっている。一方，図（ b ）のアンチエイリアシング処理を施した線分は，場所によって異なるグレーの色の画素値となっていることがわかる。

図 2.22 の例では，線分の太さは 1 画素と指定している。数学的には，線分は本来太さを持たないが，ディジタル画像として線分をラスタ化して描く場合には太さを指定する必要がある。

太さ 1 の線分の例として，Processing を使って描いた**図 2.23**(a)の例を見てみよう。背景色を黒（画素値 0）とし，白（画素値 255）で 2 点 (1, 3) と (8, 3) を結ぶ線分を描画した結果である。

この線分は，数学的には長さ 7 のはずだが，太さ 1 の線分では長さが 8 になっていることがわかる。正確に言うと，幅 1，長さ 8 の長方形として描かれている。長さは，両端点の部分でそれぞれ幅の半分だけ真の線分よりも長く

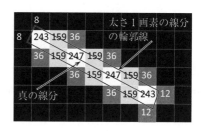

(a) 2点 (1,3) と (8,3) を結ぶ，
太さ1，長さ8の水平な線分

(b) 2点 (1,1) と (7,4) を結ぶ，
太さ1の線分

図2.23 線分を太さを持つ長方形と考えた場合

なっている。

図（b）は，同様の考えで，斜めの線分に対して真の線分と長方形の輪郭線とを重ね合わせてみたものである。背景は黒，線分は白である。各画素に書かれた数字は，結果として得られた実際の画素値である。

図2.24 のように一部の画素を拡大して観察すると，斜めの長方形が画素をカバーしている面積が大きい場合に画素値が大きくなっていることがわかる。このような面積の割合を**カバー率**（coverage）と呼ぶ。

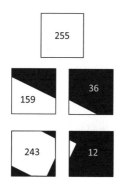

図2.24 白い線分が占める領域
とその画素の輝度

このように，アンチエイリアシングの基本的な考え方は，1画素より小さい面積を表現するために，面積は1画素（それ以上小さくはできない）のままで輝度をカバー率に応じて小さくする，というものである。カバー率を求める方法はつぎの2.4.3項で述べる。

つぎに，三角形塗りつぶしの場合のアンチエイリアシングの例を精査してみ
る。黒い背景に白の三角形を描く例で，**図 2.25** にそのプログラムと結果の画
素値を示す。三角形の場合のカバー率は，真の三角形が画素をカバーしている
割合である。カバー率に応じて画素値が 255 以下になっていることがわかる。
ただし，正確にカバー率を反映しているわけではないことはつぎの 2.4.3 項で
説明する。

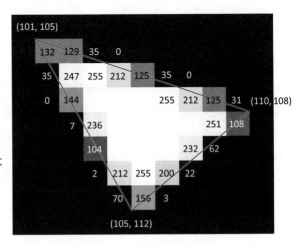

（a） 入力プログラム　　　　　　　　（b） 出力画像

図 2.25 三角形塗りつぶしのアンチエイリアシング結果

つぎの例は，背景色が黒でない場合のアンチエイリアシングである。**図
2.26** は背景色 128（グレー）で白い三角形を描画した例である。

ここでは，三角形のカバー率がそれぞれ 1/6 および 1/2 の画素について画
素値を示している。背景のカバー率はそれぞれ 5/6 および 1/2 で，図形の画
素値，背景の画素値に，それぞれ対応するカバー率を乗じて足し合わせた重み
つき平均を計算した結果が当該画素の画素値になっている。

実際の画素値は RGB の三つの値である。アンチエイリアシング処理の計算
は RGB それぞれの値について独立にカバー率による重み付平均を計算し，そ
の結果の RGB を最終的な画素値とする。

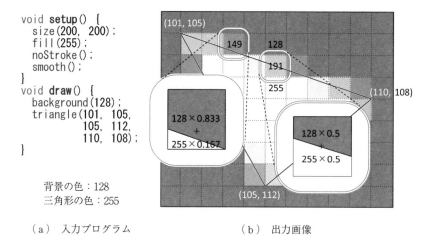

（a） 入力プログラム 　　　　 （b） 出力画像

図2.26　背景が黒でない場合のアンチエイリアシング

2.4.3　カバー率計算の方法

　ここで，実際の画素値が必ずしも正確にカバー率と一致しないことに注意しよう。例えば，図2.23（b）では，左上端付近の2画素の画素値が8で，右下端付近の2画素は12である。図形の対称性を考慮すると，この2種類の画素値は同じでなければならない。図2.25でも，三角形の上辺に注目すると，真の辺が1画素を2等分しカバー率は0.5となる画素（3か所）において，画素値が129になったり125になったりしている。

　これは，実際のアンチエイリアシング処理が近似計算を行っているためである。つまり，処理時間を小さくするために，正確さは犠牲にして多少の誤差は許容しているということである。

　カバー率を正確に計算するには，例えば図2.27（a）で示すような場合であれば台形の面積を求める必要がある。カバー率に対応する図形を仮にカバー図形と呼ぶことにしよう。カバー図形は，台形以外に三角形や五角形になる可能性がある（図2.27（b），（c））。いずれにしても真の図形輪郭と画素の輪郭（正方形）との交点を求める必要がある。この計算はそれほど複雑ではない。

　もし図2.27（d）のように複数の三角形がある画素をカバーする場合は，そ

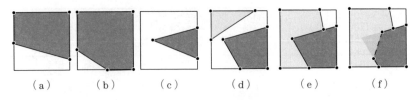

図 2.27　カバー率を正確に計算するには？

れぞれの三角形についてカバー形状の面積計算が必要となる。これも基本的には同じ計算を繰り返せばよいのでさほど問題にはならない。

　しかし，一方の三角形が他方の三角形の一部を隠している場合はどうだろう（図 2.27（e））。3 次元 CG であれば奥行も考慮するため，このような場合も対応が必要である。一部が隠されているカバー形状の面積計算を正確に行うには，二つのカバー形状輪郭同士の交点を求める必要がある。

　さらに，図 2.27（f）のように 1 画素の中で二つの三角形が奥行方向に交差する場合は，空間内での三角形同士の交線を求める必要があり，これも処理時間がかかる。したがって，カバー形状の面積を正確に計算する手法は一般には使われない。

　実際によく使われる方法は**スーパーサンプリング法**（super sampling）である。1 画素の正方形の中で複数の適当な標本点（サンプル点）を事前に決めておく。各サンプル点で画素値計算を行い，それらの平均をその画素の画素値とする。全サンプル点の数に対して三角形内部に位置するサンプル点の数の割合がカバー率に近くなる。

　もちろんサンプル数が少ないと誤差は大きいが，ある程度のサンプル数であれば問題なくカバー率が近似できる。スーパーサンプリング法の原理を**図 2.28** に示す。

　これだと，カバー形状と画素輪郭との交点を求める必要もない。2.3.6 項で述べたフラグメントを各サンプル点で得ることになり，そこには深度値 z もある。複数三角形の前後関係は z バッファ法で決定できる。つまり，三角形同士の輪郭の交点を求める必要もない。各サンプル点における最も手前の三角形が

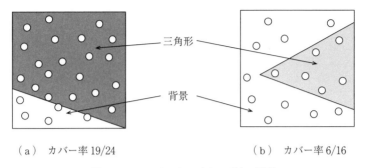

（a）　カバー率 19/24　　　　　　　　　　（b）　カバー率 6/16

図 2.28　スーパーサンプリング法の原理

特定でき，画素値は正しく求まる。

　スーパーサンプリング法は通常のラスタ化処理を利用するので，1画素中の
サンプル点の数を決めておけば，計算時間の増加率はおおむね一定である。

　特にリアルタイム CG 表示処理では，場合によって極端に時間が掛かるよう
な処理よりも，どんな場合でも負荷増加が一定であるほうが，表示の安定性の
観点から望まれる。しかも，スーパーサンプリング法だと，サンプル点の数を
設定することで処理速度を優先するか画質を優先するか，そのバランスをユー
ザが自由に決めることができる。

2.4.4　マルチサンプリング・アンチエイリアシング

　スーパーサンプリング法にはいくつかの手法がある。ここでは，最も一般的
な手法の一つである**マルチサンプリング**（multi-sample anti-aliasing, **MSAA**）
を紹介する。

　マルチサンプリングの例を**図 2.29** に示す。図の大きな正方形全体が1画素
である。図（a）では，1画素を等分割し 4×4 の部分画素に分け，16 個すべて
の部分画素の中心をサンプル点とする考え方である。この場合，アンチエイリ
アシングなしのときに比べて単純計算で 16 倍のラスタ化処理が必要である。

　一方，16 個全部ではなく，図（b）のようにその中で8個だけ選んでサンプ
ル点とする方法もある。これだと処理時間は半分で，結果の画質はそれほど落
ちない。

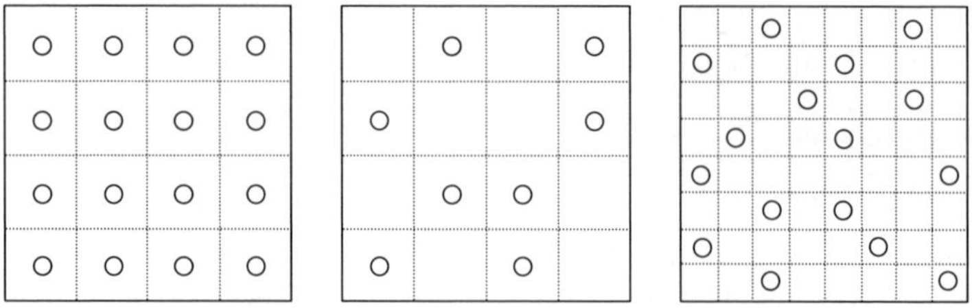

（a） すべての部分画素
　をサンプル点とする
　方法

（b） 部分画素のうち事
　前に8個をランダム
　に選んでサンプル点
　とする方法

（c） 64分割した部分画
　素から事前に16個を
　ランダムに選んでサン
　プル点とする方法

図 2.29　マルチサンプリングの例

　このようなマルチサンプリングでは，どの画素も同じパターンでサンプル点を選ぶ。そのため，分割が粗いとパターンの周期性の影響で描画結果に規則的な模様が現れる恐れがある。このような好ましくない模様やノイズをアーチファクトと呼ぶ。

　そのため，図（c）のように，より細かい8×8等分割の64分割とし，その中から8個あるいは16個のサンプル点を選ぶ場合もある。これだとよりランダムに近いパターンを選ぶことができ，アーチファクトを軽減することができる。

　画素を等分割するマルチサンプリングは，三角形ラスタ化の増分法とも相性がよい。三角形セットアップの際の増分値を，1画素ごとではなく，等分割した長さ（例えば1/8画素）ごとに求めておけばよい。ラスタ化を進める際にも等分割した長さ単位で処理を進めることになる。

演 習 問 題

〔2.1〕　短い線分を描く始点と終点の座標を任意に決め，方眼紙を用いてその線分描画を実行した場合に塗りつぶされるマス目（画素）を予想しなさい。

〔2.2〕　上記〔2.1〕と同じ始点と終点の線分を描く Processing プログラムを書き，図2.9と同様に実行結果画像を確認しなさい。

〔2.3〕　図2.10のプログラムで，与えられた線分が縦長の場合の処理を実装して

myLine 関数を完成させ，Processing の line 関数と同じ結果になること
を確認しなさい。

〔2.4〕 myLine 関数呼出しで始点と終点を入れ替えた場合に異なる結果となる例
を確認しなさい。また，myLine 関数定義の中で $\nabla_i = 0$ の場合の符号判定
方針を変えた場合にも同様に結果が変わることを確認しなさい。

〔2.5〕 三角形の塗りつぶし処理が重要である理由を述べなさい。

〔2.6〕 三角形内部を塗りつぶす処理を実装し，Processing の triangle 関数と同
じ結果になることを確認しなさい。

〔2.7〕 アンチエイリアシングはどのような場面で用いられるかを述べなさい。

〔2.8〕 Processing で図形を描き，アンチエイリアシングありの場合となしの場合
でどう違うかを確認しなさい。

3章 座標変換

◆ 本章のテーマ

　本章は図形や画像の座標変換について述べる。座標変換は，CG 描画や形状処理のための数学的な基盤となる概念である。CG の物体やカメラを動かしたりする幾何学的変換だけでなく，3 次元の形状モデルを 2 次元の画像に映し出す投影変換も座標変換である。本章では，各種変換の役割を分類した後，行列との関係について述べる。投影変換については詳細な導出は省いて利用方法に重点を置き，どのように設定するかについて述べる。画像の幾何学的変換は，形状モデルの変換とは異なる考え方をするが，CG 処理で使われる基礎的な技術なので，本章で詳しく説明する。

◆ 本章の構成（キーワード）

3.1 座標変換の概要
　　　幾何学的変換，投影変換，直交座標系
3.2 図形の幾何学的変換の実例
　　　拡大・縮小，回転，せん断，平行移動
3.3 座標変換と行列
　　　行列，アフィン変換，同次座標，行列の保存と再利用
3.4 ディジタルカメラモデルと投影変換
　　　ビューイングパイプライン，モデリング変換，視野変換，透視投影，クリッピング
3.5 画像の幾何学的変換
　　　再標本化，フィルタリング，バイリニア補間

◆ 本章を学ぶと以下の内容をマスターできます

☞ 座標変換の種類とそれらが CG 処理で必要とされる理由
☞ 座標変換の数学的な概念と行列の意味
☞ 3 次元 CG の本質である投影変換
☞ 画像と図形の幾何学的変換の違い

3.1 座標変換の概要

本節では各種座標変換を分類し，その目的を明らかにする。なお，本書では
しばしば座標変換のことを単に変換と呼ぶことにする。

3.1.1 座標変換の分類

図 3.1 は，本章で説明する CG に関わる座標変換を分類したものである。**幾
何学的変換**（geometric transformation）はおもに形状モデルを自由に配置する
ための変換である一方，CG 処理で設定する光源位置やカメラ位置にも適用さ
れる。さらに幾何学的変換は画像データの各画素に対しても適用され，その詳
細は 3.5 節で述べる。**投影変換**（projection transformation）は 3 次元の形状モ
デルを 2 次元の画像上に表現するための処理で，3 次元 CG 処理の中核部分で
ある。3.4 節では投影変換を説明するとともに，モデルを画像に映す一連の変
換処理の全体像を示す。

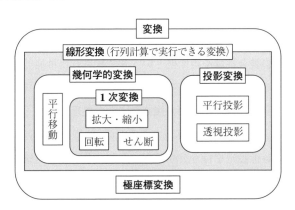

図 3.1 座標変換の分類

極座標変換は，角度を用いて位置を特定する極座標への変換である。極座標
は，簡単に言うと緯度・経度・標高のような三つの値で 3 次元空間内の 1 点を
指定する。実際の CG 処理で必要となる場合もあるが，本書では省略する。

3.1.2 なぜ座標変換が重要か

図 3.1 で多くの変換を紹介したが，そもそもなぜこのように多くの変換が必要なのだろうか。それは，いろいろな状況でそれぞれに都合のよい座標系を使いたいからである。

座標系（coordinate system）とは位置を表すための基準である。1 点の位置を表す手段として複数の数値（**座標**，coordinate）を用いることが前提である。具体的には，座標がすべて 0 の場所に対応する**原点**（origin）が実際にはどこに対応するか，それぞれ（各次元）の数値がなにを示すか，これら二つを明確にしたものが座標系である。代表的な座標系は，たがいに直交する数直線を**座標軸**（coordinate axis）とする**直交座標系**（orthogonal coordinate system）で，平面上の点を表すための xy 座標系，空間上の点を表すための xyz 座標系である。

CG 処理手順を構築設計しやすくするために，具体的には処理プログラムを書きやすくするためには，その処理内容に最も適した座標系を使って対象物（形状モデルやカメラや光源）を扱う必要がある。そのための基本方針はつぎのようなものである。すなわち，各種処理がそれぞれに都合のよい座標系で処理をし，その間の整合性は座標変換という定式化された単純計算にゆだねる，ということである。

これにより，全体の処理が一つの複雑で膨大な処理ではなく，比較的簡便な処理を多数組み合わせることで実現できる。CG 処理を開発実装する技術者たちにとっても，各種設定を行うデザイナーたちにとっても，適切な分業ができ考える手間も大幅に削減される。

例えば，椅子の形状モデルを作成し，CG 表示の舞台となる部屋に配置する単純な例を考えてみよう。

図 3.2(a)で示すような左右対称な椅子を作成する場合は，垂直な中心軸を一つの座標軸にすると扱いやすい。人間は普通垂直軸を y 軸にすることに慣れているので，中心軸，つまり高さ方向を y 軸にするのがよいだろう。高さが 0 のところは，椅子を置く床面や地面の位置にするのが妥当である。高さ 0 が椅

物体モデルを作るときに
都合のよい座標系

物体モデルを配置するときに
都合のよい座標系

（a）　モデリング座標系　　　　　　（b）　ワールド座標系

図 3.2　座標系の例

子の最下部にもなり都合がよい。x 軸と z 軸に関しては，椅子の途中の高さに
ある水平の梁がそれらの軸に平行になるように配置するのが扱いやすい。

　一方で，この椅子を部屋の中に配置することを考えてみる（図（b））。部屋
にはこの椅子以外にも多くの部品があるから，椅子の座標系にほかの部品をす
べて合わせることを強制するのは都合が悪い。長方形の部屋全体のことを考
え，部屋の四隅のうちのどれかを原点にすべきだろう。また，配置を考えるた
めの上から見た配置図のことを考えると，水平方向を xy 座標に設定し，高さ
方向を z 座標とするのがよい。

　このように，同じ物体でも場面によって異なる座標系で扱う。前記の座標系
のうち，部品作成のための座標系をモデリング座標系，ほかの部品と一緒に配
置する舞台に相当する場所の座標系をワールド座標系と呼ぶ。モデリング座標
系では，椅子の座面の中心点の座標は（0, 50, 0）であるが，同じ点はワールド
座標系では（120, 30, 50）となる。このような，同じ点を示す二つの数値の間
の関係を定義するのが座標変換である。これらの座標系については 3.4 節で詳
しく説明する。

3.2   図形の幾何学的変換の実例

ここでは形状モデルとして 2 次元図形を用い，幾何学的変換の例を説明する。Processing のプログラム例を示して，幾何学的変換の利用例を示す。幾何学的変換を活用できるようになれば，形状モデルを自由自在に配置できるようになる。各変換の実際の計算原理については 3.3 節で説明する。

3.2.1   Processing プログラムにおける座標系

本節で紹介する例に共通する前提として，Processing プログラムで使う座標系の説明を行う。プログラム実行の初期段階では座標系はつぎのように設定されている。

（1）　原点（0, 0）は表示ウィンドウの左上隅に対応する

（2）　各座標の数値単位は画素数

（3）　x 軸は表示画面に向かって右向き

（4）　y 軸は表示画面の下向き

（5）　z 軸は画面に対して垂直で画面の奥向き（3.2 節では使用しない）

図 3.3 に表示領域の大きさを 1 000×1 000 に設定した Processing プログラム

```
void setup() {
  size(1000, 1000);
}
void draw() {
  background(170);
  drawXYAxes();
  drawNokky();
}
```

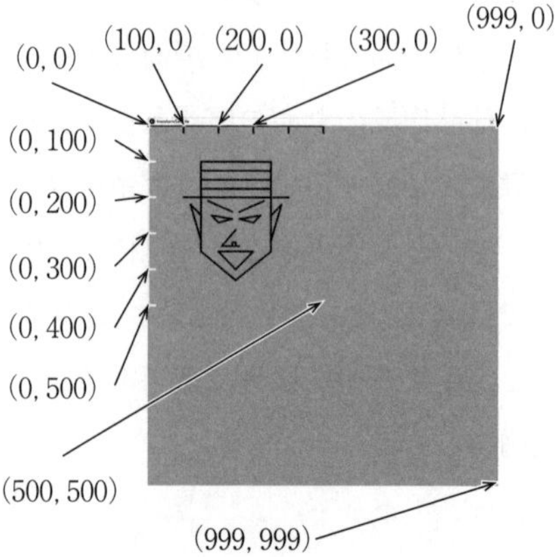

図 3.3　Processing の初期座標系を示す例題

で初期状態の座標軸およびあるひとまとまりの図形を表示した実行例を示す。

drawXYAxes 関数のソースコードは省略しているが，黒い線で x 軸を，白の線で y 軸を描き，100 画素ごとに目印の短い線を描く機能を持つ。表示領域の左上隅の画素の座標は $(0,0)$ に，右下隅の座標は $(999, 999)$ に相当する。z 軸はここでは省略する。

drawNokky 関数はあるキャラクター（名前を Nokky とする）の顔をひとまとまりの図形として表示する機能を持つ。こちらも中身は省略するが，多数の線分（line 関数呼出し）によって構成される。

Processing プログラムでは，実行時のある時点で使う座標系は基本的には一つで，本書ではこれを**現在の座標系**（current coordinate system）と呼ぶことにする。プログラム内の各段階で自由に現在の座標系を変更する。実行時にシステム側は現在の座標系を基準とし，座標で記述された図形を表示する。同じ座標を指定した図形でも，現在の座標系が異なる状況では違う図形が描かれる。3.2.2 項以降では，この機能を使って各種座標変換を説明する。

3.2.2　平行移動変換の例

平行移動（translation）により，図形の大きさと向きを変えずに自由な場所に配置する。Processing の場合は，現在の座標系を基準に，つぎの座標系をどれだけ移動するかの移動量 (x, y)（2 次元図形の場合）を指定する。これを行うのが translate 関数である。translate 関数呼出し以降は，現在の座標系が移動後のものに置き換えられる。基準が変わるので，translate 関数以降に描画されるすべての図形が原則この移動の影響を受ける。

図 3.4 に平行移動の実施例を示す。図（a）では一度座標系を移動し，座標軸・Nokky の両方を描画している。図（b）では座標系を 2 回移動しているその前後 3 回で座標軸を，最後の 1 回で Nokky を描画した。図中には移動後の最終的な現在の座標系の原点が，初期状態の座標系を基準にどの座標に移動したかを示している。

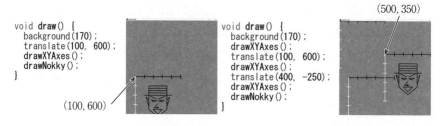

```
void draw() {
  background(170);
  translate(100, 600);
  drawXYAxes();
  drawNokky();
}
```

(100, 600)

（a）　1回の座標系移動後の描画

```
void draw() {
  background(170);
  drawXYAxes();
  translate(100, 600);
  drawXYAxes();
  translate(400, -250);
  drawXYAxes();
  drawNokky();
}
```

(500, 350)

（b）　2回の座標系移動と4回の図形描画

図3.4　平行移動の実行例

3.2.3　拡大・縮小変換の例

拡大・縮小（scaling）は，文字通り図形の大きさを変更する幾何学的変換である。Processing での利用法は平行移動の場合と同様である。関数としては scale 関数呼出しを使う。現在の座標系の軸の目盛り間隔そのものを変更すると考えるとよい。

図3.5(a)は一度縮小した後，拡大を3回行い，その都度 Nokky を描画した例である。座標軸は初期状態だけ描画している。図(b)は x 方向だけを1.8倍に拡大した結果である。

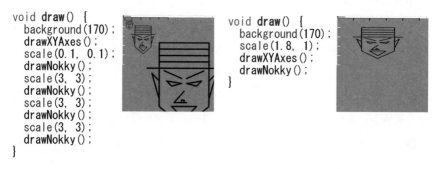

```
void draw() {
  background(170);
  drawXYAxes();
  scale(0.1, 0.1);
  drawNokky();
  scale(3, 3);
  drawNokky();
  scale(3, 3);
  drawNokky();
  scale(3, 3);
  drawNokky();
}
```

（a）　縮小1回拡大3回を行いながら描画

```
void draw() {
  background(170);
  scale(1.8, 1);
  drawXYAxes();
  drawNokky();
}
```

（b）　水平方向だけを拡大して描画

図3.5　拡大・縮小の実行例

scale 関数で注意する必要があるのはどの点を中心に拡大縮小するかである。それは現在の座標系の原点である。別の言い方をすると，拡大・縮小変換

の変換前後で座標系の原点の位置は変わらない。

図3.5の二つの例ではいずれも初期状態の原点を中心に拡大・縮小しており，平行移動を伴わない単純な例である。拡大縮小の度合いはパラメータで直接指定するのでその設定は容易である。

しかし，原点以外の点を中心に拡大縮小する場合，図形位置を思い通りにするのは難しい。拡大縮小の中心点を強く意識して制御しなければならない。そのためにはscale関数と平行移動のtranslate関数とを組み合わせて呼び出す必要がある。具体的にはつぎの三つのステップを踏む。

（1） translate関数で希望する中心点に原点が来るよう現在の座標系を平行移動
（2） scale関数で座標系を拡大・縮小
（3） translate関数で上記（1）と同じ大きさの数値で符号を逆にして座標系を移動

ここで，ステップ（3）での実際の移動量はステップ（1）と同じではなく，ステップ（2）の拡大縮小の影響を受けた移動量になることに注意してほしい。scale関数実行の後は，図形だけでなく，translate関数での実際の移動量も拡大縮小の影響を受ける。

図3.6は，図形の基準座標が左上隅にある場合に，図形の中央を中心として縮小した例である。translate関数やscale関数を呼ぶたびに現在の座標系の座標軸をdrawXYAxes関数で可視化した。図3.6の座標軸のそれぞれに

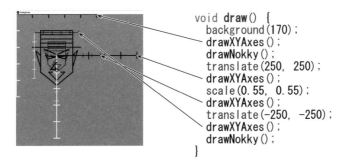

```
void draw() {
  background(170);
  drawXYAxes();
  drawNokky();
  translate(250, 250);
  drawXYAxes();
  scale(0.55, 0.55);
  drawXYAxes();
  translate(-250, -250);
  drawXYAxes();
  drawNokky();
}
```

図3.6 拡大・縮小の中心を制御する実行例

ついて対応する可視化結果（x 軸の右端点）と呼出し行を引出し線で指し示している。

3.2.4　回転変換の例

回転（rotation）変換は，Processing プログラムでは現在の座標系の原点を中心に時計回りの角度（単位：ラジアン）を指定した rotate 関数呼出しにより実行する[†]。ここでも translate 関数や scale 関数呼出しと同様，現在の座標系が変更されると考えるとよい。座標系の基準が変わるので，rotate 関数呼出し後の図形描画や translate 関数の移動方向は，その回転変換の影響を受ける。

回転変換の実行例を**図 3.7** に示す。この図では，幾何学的変換の実行により現在の座標系が変化する様子を白い矢印で追記した。太い矢印はプログラムが描画したものでない点に注意してほしい。プログラム中の幾何学的変換呼出しとの対応関係も線で結んでいる。

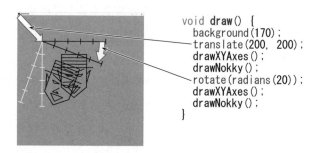

```
void draw() {
    background(170);
    translate(200, 200);
    drawXYAxes();
    drawNokky();
    rotate(radians(20));
    drawXYAxes();
    drawNokky();
}
```

図 3.7　回転の実行例

回転変換は，拡大・縮小と同様に中心点を制御することが重要である。設定したい回転中心に現在の座標系の原点が来るように translate 関数を使う。具体的にはつぎの三つのステップを踏む。

（1）　translate 関数で希望する中心点に原点が来るよう現在の座標系を

[†]　本書では角度単位として図形を表すのに適した「度」を使用する。プログラム例の rotate 関数呼出しでは度をラジアンに変換する radians 関数を使用している。

平行移動

（2）　rotate 関数で座標系を回転

（3）　translate 関数で上記ステップ（1）と同じ大きさの数値で符号を逆
にして座標系を移動

ステップ（3）での実際の移動の向きはステップ（1）と同じではなく，ステップ（2）の回転の影響を受けた向きになる。このような仕組みは scale 関数と同様である。

図3.8 は，上記3ステップを使って回転中心を制御した実行例である。白い矢印はプログラム描画結果ではなくそれぞれ三つの幾何学的変換を示すために図に追記したものである。

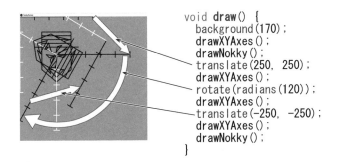

図3.8　回転中心を制御する実行例

最初の translate 関数のパラメータは希望する回転中心座標を指定している。この例における値（250, 250）は，描くべき図形の中心（キャラクターの眉間）の位置に合わせて指定したものである。実際に drawNokky 関数が実行される際の座標系原点はキャラクターに向かって左上の1点である。そして眉間はそこから（250, 250）だけ移動した位置にある。これらのことをプログラマーは事前にわかっていなければならない。

3.2.5　せん断変換の例

幾何学的変換としては，これまで紹介した平行移動，拡大・縮小，回転のほ

かに**せん断**（shear）がある。せん断は，水平（または鉛直）の線分が鉛直方向（水平方向）にずれるような変換で，x軸（y軸）から離れるほど大きくずれて斜めになる。せん断の実行例を**図3.9**に示す。

```
void draw() {
  background(170);
  drawXYAxes();
  drawNokky();
  shearY(radians(60));
  drawXYAxes();
  drawNokky();
}
```

```
void draw() {
  background(170);
  drawNokky();
  translate(250, 250);
  shearX(radians(45));
  translate(-250, -250);
  drawNokky();
}
```

（a）　y方向のせん断の例　　　（b）　x方向のせん断で図形の中心を固定する例

図3.9　せん断の実行例

shearX 関数（shearY 関数）では図形のあらゆる位置で水平方向（鉛直方向）の長さが保たれ，座標系の x 軸（y 軸）の向きが保たれる。パラメータは，向きが変わる方の座標軸が変換前に比べてどれだけ傾くかの角度を指定する。角度の単位はラジアンである。

せん断においても，変換前後で座標系の原点位置が不変となることは拡大・縮小，回転と同じである。このことに留意して translate 関数と組み合わせて用いれば，せん断変換後の図形位置を自由に制御できる。

3.2.6　**Processing における座標系の記憶と再利用**

本項では，これまで紹介したような幾何学的変換を実際の CG デザインで使いこなすための制御方法について，Processing での例を述べる。

図形を一度変換した後，以前の座標系に戻して別の変換を施したい場合がしばしば起きる。Processing では幾何学的変換は原則その後のすべての図形描画に影響する。複数の変換を実行するとそれらをもとの状態に戻すようにプログラムを書くのは煩雑である。そこで用意されているのが座標系の記憶と再利用のメカニズムである。これにより上記原則にとらわれずに過去の任意の座標系に設定を戻すことができる。

　具体的には座標系を記憶するのは pushMatrix 関数，記憶していた座標系を再設定（再利用）するのは popMatrix 関数である。一つの pushMatrix 関数呼出しの後には必ず一つの対応する popMatrix 関数呼出しを書く必要がある。なお，pushMatrix / popMatrix 関数呼出しのペアの間には別の pushMatrix / popMatrix 関数呼出しペアを書くこともできる。つまり，入れ子構造にできる。

　popMatrix 関数呼出しにより再設定されるのは，対応する pushMatrix 関数のときに記憶した座標系である。別の言い方をすると，popMatrix 関数呼出しにより，対応する pushMatrix 関数呼出しとで挟まれた幾何学的変換の影響はすべて消去される。

　pushMatrix 関数呼出しと popMatrix 関数呼出しのペアを入れ子構造になるように書くことにより，多数の図形を階層的に組み合わせた複合物をモデリングできる。階層的な複合物とは，例えばロボットの胴体・腕・手・指や太陽系の太陽・惑星・衛星などである。

　pushMatrix 関数と popMatrix 関数は，関数名の通り，行列データを記憶・再利用するものである。行列データは現在の座標系を表すものである。詳細のメカニズムは 3.3.5 項で述べる。

　図 3.10 は，典型的な pushMatrix / popMatrix 関数呼出しの使用例として，多数の同じ図形を繰り返し配置して描画する実行結果とそのプログラムで

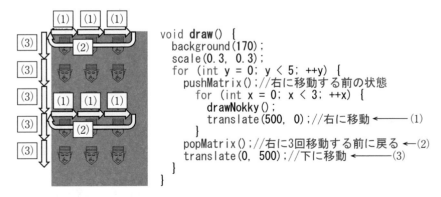

```
void draw() {
  background(170);
  scale(0.3, 0.3);
  for (int y = 0; y < 5; ++y) {
    pushMatrix();//右に移動する前の状態
      for (int x = 0; x < 3; ++x) {
        drawNokky();
        translate(500, 0);//右に移動 ←———(1)
      }
    popMatrix();//右に3回移動する前に戻る ←(2)
    translate(0, 500);//下に移動 ←———(3)
  }
}
```

図 3.10　多数の図形の配置例

ある。現在の座標系を変更するプログラム行を（1）～（3）として示す。それら
に対応する変更の様子を描画結果の図中に追記した。3回の移動（1）と1回の
再利用（2）との組が二つ追記されているが，実際には5組あってスペースの都
合上2組だけを示している。

3.3　座標変換と行列

　3.2節では座標変換の実際の利用法としてプログラム例を示した。本節は，
プログラムに従い座標変換を実行するシステム側がどのような処理を行うか，
その中身を解説する。

　変換の設定すなわち座標系の変更は，CGシステム内部では行列データの更
新として表現される。そのため本節では，数式や行列を使って変換を説明す
る。基本的にはProcessingシステムとは独立した原理の話題である。したがっ
て，一般論を述べる3.3.1項，3.3.2項では，座標軸の右向きがx軸で上向き
がy軸の，数学で通常使う座標系を使用する。

　まず3.3.1項では3.2節で示した幾何学的変換を表す数式について説明す
る。つぎに，3.3.2項でそのような変換式を行列で表記する。3.3.3項では行
列の意味についての考え方も述べる。3.3.4項ではアフィン変換を紹介し同次
座標にもふれる。最後に3.3.5項では行列データがシステム上でどのように扱
われるかを，Processingシステムの例について解説する。

3.3.1　幾何学的変換の数式表現

　本項では幾何学的変換の例をあげてそれらの数式による表現を示す。最初に
注意すべきことは，人間（指示側）とシステム（実行側）との観点の違いであ
る。3.2節では，プログラムで変換を行う手順，すなわち人間が変換を指示
（設定）する際の考え方を述べた。これに対し本節では，指示された変換をシ
ステムが実行する観点でどんな処理を行うかを述べる。

　この違いは「なにに対して変換を施すか」という対象の違いである。具体的

には，人間がプログラムで指示する際には「現在の座標系」を変換すると考える。これに対し，システムが実行するのは図形の「各頂点」を変換することである。本項とつぎの3.3.2項では，このようなシステム側の観点で「各頂点を変換する」ことが前提となることに留意されたい。

最初に，平行移動の数式表現を示す。平行移動はつぎの式で表される。

$$\begin{cases} x' = x + t_x \\ y' = y + t_y \end{cases} \tag{3.1}$$

ここで，(x, y) は変換前の頂点の座標，(x', y') は変換後の頂点の座標である。t_x, t_y は定数で，平行移動のそれぞれ x 軸方向，y 軸方向の移動量である。**図3.11** は，平行移動の例およびその変換式である。この例では一つの三角形が xy 座標上で右上に（x 方向に 6，y 方向に 4 だけ）移動されている。一般式において $t_x = 6$，$t_y = 4$ と置いたことになる。

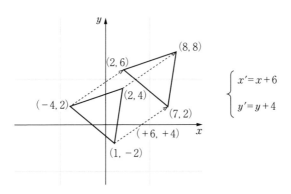

図3.11　平行移動の例とその変換式

より正確に言うと，三角形の三つの頂点のそれぞれが平行移動される。システムはこのような変換を行った後の頂点座標をもとに三角形を描く。システムが線分の描画や図形内部の描画（塗りつぶし）をどう行うかは2章で詳しく解説した通りである。

拡大・縮小変換はつぎの式で表される。

$$\begin{cases} x' = s_x x \\ y' = s_x y \end{cases} \tag{3.2}$$

ここで，s_x, s_y は定数で，図形をそれぞれ x 方向 y 方向にどのぐらい拡大・縮小するかの拡大率に相当する。拡大の簡単な例（$s_x = s_y = 2$）を 3 頂点 $(2, 4)$，$(-3, 1)$，$(1, -2)$ からなる三角形に適用した結果を**図 3.12** に示す。

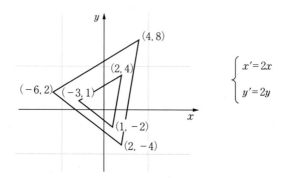

図 3.12　拡大・縮小の例と各例の変換式

図 3.13 は，拡大・縮小の特殊な場合である**鏡映**（reflection）と呼ばれる変換の例である。変換前の三角形は，図中右上に描かれているもので，3 頂点 $(14, 15)$，$(4, 9)$，$(17, 7)$ からなる。y 軸に関する鏡映は各頂点の y 座標が不変で x 座標の符号が反転する。すなわち式 (3.1) で $s_x = -1$，$s_y = 1$ と置いた場合に相当し，図形は y 軸について線対称な位置に写される。x 軸に関する鏡映はそれに対し x と y を置き換えた変換となる。

つぎに，回転変換を示す。

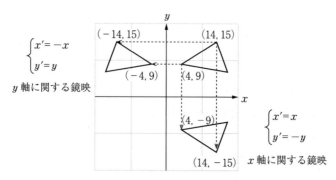

図 3.13　鏡映の例とそれらの変換式

$$\begin{cases} x' = x \cos\theta - y \sin\theta \\ y' = x \sin\theta + y \cos\theta \end{cases} \tag{3.3}$$

ここで，定数 θ は図形を原点を中心に反時計回りにどれだけ回転するかの角度である。**図 3.14** は回転変換の例（$\theta = 90°$）で，ここでは 3 頂点 $(8, 8)$，$(3, 5)$，$(7, 2)$ からなる三角形に適用した結果である。

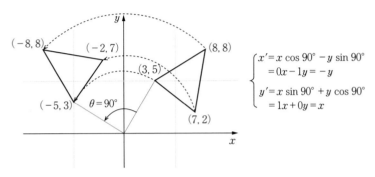

図 3.14　回転変換の例とその変換式

つぎに，x 軸方向のせん断の変換を表す式は以下の通りである。

$$\begin{cases} x' = x + y \tan\theta \\ y' = y \end{cases} \tag{3.4}$$

ここで，定数 θ はせん断によって鉛直な線が結果的に y 軸に対してどれだけ傾くかの角度である。式から明らかなように y 座標の値は不変なので，どの点も変換後の高さは変わらず，x 軸に平行に移動する。**図 3.15** は x 軸方向のせ

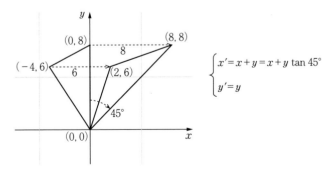

図 3.15　せん断の例とその変換式

ん断変換の例（$\theta = 45°$）である。

3.3.2 1次変換の行列表現

前項で示した変換のうち，平行移動を除いた回転，拡大・縮小，せん断は，いずれも，原点 $(0, 0)$ を変換しても結果は同じ原点となる。これら3種類の変換式（3.2）～（3.4）を一般化するとつぎの式になる。

$$\begin{cases} x' = ax + by \\ y' = cx + dy \end{cases} \tag{3.5}$$

この式で表される変換を **1次変換**（linear transformation）と呼ぶ。座標 x, y に掛け算される係数 a, b, c, d は定数であり，それらの値が具体的な1次変換の性質を決定付ける。

例えば，拡大・縮小の場合は $b = 0$，$c = 0$ であり，係数 a, d がそれぞれ x 方向，y 方向の拡大率を決定する。

本項では，1次変換を題材に変換の行列表現について考える。1次変換を表記する際に毎回，式（3.5）のように書くのは煩雑である。表記上重要なのは変換の性質を決定付ける係数であるから，単純に a, b, c, d だけを表記すればよい。行列はこのような係数の表記として最適な方法である。一方で，変換対象の変数はベクトルを用いて表記する。行列とベクトルによって1次変換の変換式（3.5）を書き直すとつぎのようになる。

$$\begin{pmatrix} x' \\ y' \end{pmatrix} = \begin{pmatrix} a & b \\ c & d \end{pmatrix} \begin{pmatrix} x \\ y \end{pmatrix} \tag{3.6}$$

各種1次変換を行列で表すと，拡大・縮小は $\begin{pmatrix} s_x & 0 \\ 0 & s_y \end{pmatrix}$，回転は $\begin{pmatrix} \cos\theta & -\sin\theta \\ \sin\theta & \cos\theta \end{pmatrix}$，水平方向のせん断は $\begin{pmatrix} 1 & \tan\theta \\ 0 & 1 \end{pmatrix}$ となる。このように，行列を用いることにより変換をシンプルに記述することができる。実際に変換式をコンピュータのデータとして保持する際には行列の各要素の数値を記録すればよい。

3.3.3　1次変換行列の幾何学的な意味

1次変換の一般式を行列で表すと $\begin{pmatrix} a & b \\ c & d \end{pmatrix}$ である。ここで，a, b, c, d が幾何学

的にはなにを表すかを考えてみる。結論から言うと単位ベクトルの変換結果に

対応する。係数 a, c は x 方向の単位ベクトルの終点 $\begin{pmatrix} 1 \\ 0 \end{pmatrix}$ を変換した後の点の

座標に相当し，b, d は y 方向の単位ベクトルの終点 $\begin{pmatrix} 0 \\ 1 \end{pmatrix}$ を変換した後の点の座

標に相当する。この様子を**図 3.16** に変換式とともに示す。

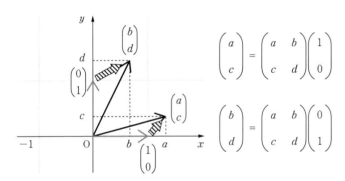

$$\begin{pmatrix} a \\ c \end{pmatrix} = \begin{pmatrix} a & b \\ c & d \end{pmatrix}\begin{pmatrix} 1 \\ 0 \end{pmatrix}$$

$$\begin{pmatrix} b \\ d \end{pmatrix} = \begin{pmatrix} a & b \\ c & d \end{pmatrix}\begin{pmatrix} 0 \\ 1 \end{pmatrix}$$

図 3.16　1次変換行列の各要素の幾何学的意味

単位ベクトル変換後の両ベクトル $\begin{pmatrix} a \\ c \end{pmatrix}, \begin{pmatrix} b \\ d \end{pmatrix}$ を幾何学的に単位ベクトルのよ

うに扱った新たな 2 次元座標系は，もとの座標系の平面全体を変形させた形と

なる。**図 3.17** における水平垂直の薄い格子の座標系がもとの xy 平面，斜め

の濃い格子で示した座標系が変換後の新たな 2 次元座標系 $x'y'$ 平面である。

　1次変換は，このように「原点を固定し，x 軸，y 軸を傾けて伸び縮みさせ

る」変形を座標平面全体に施すことに相当する。もとの座標平面上の図形はす

べてこの変形に従った変形をすることになる。

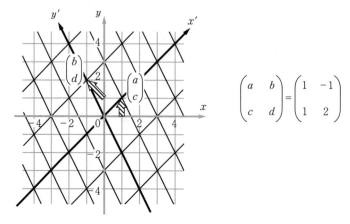

図 3.17　1 次変換が平面全体を変形させる様子

3.3.4　アフィン変換の行列表現と同次座標

1 次変換は式 (3.5) あるいは式 (3.6) のように，もとの座標 $\begin{pmatrix} x \\ y \end{pmatrix}$ のそれぞ

れに係数を乗じて足し合わせた線形和によって表され，拡大・縮小，回転，せ
ん断を含む変換である。しかし，式 (3.1) で示す平行移動は含んでいない。
平行移動を含む一般式はつぎのようになる。

$$\begin{cases} x' = ax + by + c \\ y' = dx + ey + f \end{cases} \tag{3.7}$$

このような変換を **2 次元アフィン変換**（two-dimensional Affine transformation）
と呼ぶ。実用上は，アフィン変換は 1 次変換に平行移動を加えた変換と覚えて
おけばよい。

　2 次元アフィン変換を行列によって表記すると，以下のようになる。

$$\begin{pmatrix} x' \\ y' \end{pmatrix} = \begin{pmatrix} a & b \\ d & e \end{pmatrix} \begin{pmatrix} x \\ y \end{pmatrix} + \begin{pmatrix} c \\ f \end{pmatrix} \tag{3.8}$$

この表記でも間違いはないのだが，乗算だけでなく加算も入っているための不
都合がある。実務的には，ある座標に対し複数の変換を順番に適用することが

多い（これを仮に多重変換と呼ぶ）。1回の変換に乗算と加算が入ると多重変換は加算する項が増え非常に複雑な計算式になる。もし1回の変換を乗算だけで表現できると，多重変換の記述は項が一つのままで表記も処理内容も比較的シンプルに保つことができる。

　式（3.8）を乗算だけで表現するには，まず係数 c, f を行列の中に組み込み，変換前座標の表記を修正して以下のような式にすればよい。

$$\begin{pmatrix} x' \\ y' \end{pmatrix} = \begin{pmatrix} a & b & c \\ d & e & f \end{pmatrix} \begin{pmatrix} x \\ y \\ 1 \end{pmatrix} \tag{3.9}$$

この式ではまだ不都合が残る。変換後の座標の表記が変換前とは異なるため，多重変換ができない。

　そのため変換後の座標 $\begin{pmatrix} x' \\ y' \end{pmatrix}$ にも定数1の座標を追加する。これに合わせて行列も修正すると，結局次式のようになる。

$$\begin{pmatrix} x' \\ y' \\ 1 \end{pmatrix} = \begin{pmatrix} a & b & c \\ d & e & f \\ 0 & 0 & 1 \end{pmatrix} \begin{pmatrix} x \\ y \\ 1 \end{pmatrix} \tag{3.10}$$

このような表記をすることにより，乗算だけで2次元アフィン変換を表現することができた。例えば，平行移動（式（3.1））の行列による表記は

$$\begin{pmatrix} x' \\ y' \\ 1 \end{pmatrix} = \begin{pmatrix} 1 & 0 & t_x \\ 0 & 1 & t_y \\ 0 & 0 & 1 \end{pmatrix} \begin{pmatrix} x \\ y \\ 1 \end{pmatrix} \tag{3.11}$$

となる。式（3.10）で $a = e = 1$，$b = d = 0$，$c = t_x$，$f = t_y$ と置いたことになる。

　式（3.9）〜（3.11）で示したように，N 次元ベクトルに座標を追加し（$N+1$）個の座標で表記したものを**同次座標**（homogeneous coordinate）と呼ぶ。

　2次元座標で考えると，同次座標は一般には x, y に座標 w を加え，$\begin{pmatrix} x \\ y \\ w \end{pmatrix}$ で

表される。同次座標の幾何学的意味は後述する。当面は $w=1$ とし，xy 座標
は幾何学的な位置座標に一致すると考え，平行移動を行列の乗算で表記するた
めに使用すると考えればよい。

3.3.5 Processing における行列の扱い

本項では，3.2 節で例示し 3.3.1 項で数式を用いて説明した幾何学的変換を，
Processing がどのように実行するか，システム内部の処理について述べる。結
論を先に言うと，4×4 行列を保持したり乗算したりするのが変換の主たる処理
である。特に図形の配置や変形のためには 3 次元アフィン変換の行列を扱う。

3 次元アフィン変換は，式（3.10）の 2 次元アフィン変換を自然に拡張した
以下の式で表される。

$$\begin{pmatrix} x' \\ y' \\ z' \\ 1 \end{pmatrix} = \begin{pmatrix} a & b & c & d \\ e & f & g & h \\ i & j & k & l \\ 0 & 0 & 0 & 1 \end{pmatrix} \begin{pmatrix} x \\ y \\ z \\ 1 \end{pmatrix} \tag{3.12}$$

右辺の 4×4 行列のうち，左上の 3×3 の要素は 1 次変換を表し，右上の $\begin{pmatrix} d \\ h \\ l \end{pmatrix}$

は平行移動を表す。

本書では，3 次元アフィン変換の詳細については省略し，2 次元座標での行
列の処理例を示す。実際には Processing やそれ以外の CG 処理のシステム
（OpenGL や DirectX）が 4×4 行列を保持・管理するということを覚えておい
てほしい。

Processing における幾何学的変換の例を 3.2 節で示した際に，「現在の座標
系」という概念を使った。実際の Processing システムでは現在の行列という数
値データを保持し，これが現在の座標系を表現する情報となる。変換を実行す
る translate 関数や rotate 関数などは，現在の行列に対して変更を加える。

Processing には現在の行列の値を印字する printMatrix 関数がある。これ

を使って変換による現在の行列の変化を観察してみよう。

　図 3.18 (c) は，もとの図形とそれを左上に平行移動した図形とを描画する
プログラムである。resetMatrix 関数は，現在の行列を単位行列にリセット
する関数である。printlnMatrix 関数はこのプログラムで定義した関数で，
1 行のテキストメッセージを印字した後に printMatrix 関数を呼び出す。
printMatrix 関数は行列の要素を印字する。2 次元座標の変換を行っている
場合には 3×3 のアフィン変換の行列のうち実際に意味のある部分だけを印字
するようである。

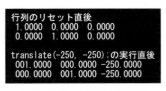

（ a ）　現在の行列の印字結果　　　　　　（ b ）　図形描画結果

```
void setup() {
  size(500, 500);
}
void draw() {
  background(255);
  resetMatrix();
  printlnMatrix("行列のリセット直後");
  drawT();
  noLoop();
}
void drawT() {
  drawNokky();
  translate(-250, -250);
  printlnMatrix("translate(-250, -250);の実行直後");
  drawNokky();
}
void printlnMatrix(String label) {
  println(label);
  printMatrix();
}
```

（ c ）　プログラム例

図 3.18　平行移動の例と現在の行列

図 3.18（a）の印字結果（黒い背景）では，行列の要素として 2 行 3 列分が印字されている。これは，式（3.10）の 2 次元アフィン変換行列のうちの a, b, c, d, e, f に相当する。このプログラムでは，行列のリセット直後に単位行列（の上 2 行）を，座標系移動の実行直後には，平行移動の xy 成分が加わった行列を印字していることがわかる。

図 3.19 は，30° の回転と（−250, −250）の平行移動の組合せにおける現在の行列の変化の例である。回転直後の行列は左上の 2×2 の要素に回転行列がそのまま入っていることがわかる。続く平行移動の直後の行列は，右端の数値に平行移動成分が現れている。ただし，プログラムが指定した（−250, −250）ではない。プログラムでは，基準となる座標系を回転させた後の座標系での指定をする。言い替えると，プログラマーはこれまでの変換（回転）のことを考えず，単純にそのときの座標系で移動量を指定する。一方，印字されるのは回転も反映した現在の行列であり，平行移動成分は（−91.5, −341.5）となる。

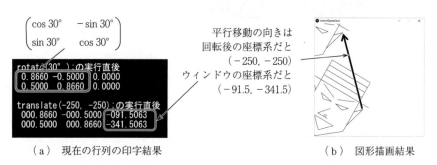

$$\begin{pmatrix} \cos 30° & -\sin 30° \\ \sin 30° & \cos 30° \end{pmatrix}$$

平行移動の向きは
回転後の座標系だと
（−250, −250）
ウィンドウの座標系だと
（−91.5, −341.5）

```
rotate(30°);の実行直後
0.8660 -0.5000  0.0000
0.5000  0.8660  0.0000

translate(-250, -250);の実行直後
000.8660 -000.5000 -091.5063
000.5000  000.8660 -341.5063
```

（a）　現在の行列の印字結果　　　　　　　　　　（b）　図形描画結果

```
void drawRT() {
    rotate(radians(30));
    printlnMatrix("rotate(30°);の実行直後");
    drawNokky();
    translate(-250, -250);
    printlnMatrix("translate(-250, -250);の実行直後");
    drawNokky();
}
```

（c）　プログラム例（図 3.18（c）の drawT 関数を置き換える drawRT 関数）

図 3.19 回転と平行移動による行列の変化の例

　Processing の現在の行列がどのように処理されるか，この回転・平行移動の変換について詳しく見てみよう。**図 3.20** は現在の行列が変換により変化していく様子を示す。初期状態 $\mathbf{M}_0$ は単位行列である。回転変換によって，2 次元の回転行列 $\mathbf{R}_1$ が右から掛け算され，その結果 $\mathbf{M}_0\mathbf{R}_1$ が現在の行列となる。さらに一番下に示すように平行移動の変換により，（－250，－250）が右上に入った平行移動の行列 $\mathbf{T}_1$ が右から掛け算され，その結果 $\mathbf{M}_0\mathbf{R}_1\mathbf{T}_1$ が現在の行列となる。

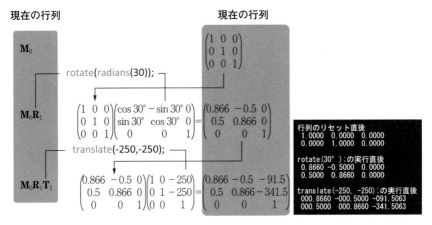

図 3.20　現在の行列の変化と Processing での印字結果

　ここで，システム側は現在の行列をどのように変換処理に用いるのだろうか。具体的には，システムは，図形描画命令を受け取るとそのすべての頂点座標（縦ベクトル）を現在の行列の右側から乗算し，それぞれの計算結果をつぎの処理段階に渡す。その後の処理を含む変換処理の全体像についてはつぎの 3.4 節で説明する。

　ここで，システム側の観点では複数の「変換の順序」の考え方が，人間の指示するプログラムとは異なるということに注意してほしい。プログラムで書かれ実行される座標系の変換（`translate` 関数や `rotate` 関数の呼出し）の順番と，システムが実際に行う頂点の変換の順番は反対になる。

　図 3.21 は，行列操作関数の呼出し順（プログラムでの記述順）とそれぞれのタイミングでの現在の行列を示す。図形描画命令があるとそのときの現在の

$$\mathbf{M}_0$$

`rotate(radians(30));`	$\mathbf{M}_0\mathbf{R}_1$	$\mathbf{R}_1$：$30°$の回転
`translate(-250,-250);`	$\mathbf{M}_0\mathbf{R}_1\mathbf{T}_1$	$\mathbf{T}_1$：平行移動（$-250, -250$）
`rotate(radians(90));`	$\mathbf{M}_0\mathbf{R}_1\mathbf{T}_1\mathbf{R}_2$	$\mathbf{R}_2$：$90°$の回転
`scale(2.5,4);`	$\mathbf{M}_0\mathbf{R}_1\mathbf{T}_1\mathbf{R}_2\mathbf{S}_1$	$\mathbf{S}_1$：x方向2.5倍，y方向4倍の拡大
`rotate(radians(-20));`	$\mathbf{M}_0\mathbf{R}_1\mathbf{T}_1\mathbf{R}_2\mathbf{S}_1\mathbf{R}_3$	$\mathbf{R}_3$：$-20°$の回転

（a） 関数の実行　　（b） 現在の行列の変化　　（c） 各関数呼出しで行う変換

図3.21　行列操作関数呼出しと現在の行列の変化

行列の右側から頂点座標を乗算する。例えば，図3.21の一番最後のタイミングで与えられた頂点は，一つの4×4行列$\mathbf{M}_0\mathbf{R}_1\mathbf{T}_1\mathbf{R}_2\mathbf{S}_1\mathbf{R}_3$の右側から乗算される。意味的には，$\mathbf{R}_3\rightarrow\mathbf{S}_1\rightarrow\mathbf{R}_2\rightarrow\mathbf{T}_1\rightarrow\mathbf{R}_1\rightarrow\mathbf{M}_0$の順番に変換を施したことになり，プログラムの記述とは逆順になっている。

さて，システムの行列操作は乗算を繰り返していくだけではない。過去のあるタイミングの「現在の行列」に戻したいという場合もある。Processingではそのためのメカニズムとして`pushMatrix`関数と`popMatrix`関数を用意している。このことはすでに3.2.6項で述べた。ここではシステム側でのその処理内容を説明する。

`pushMatrix`/`popMatrix`関数は，現在の行列を**スタック**（stack）という情報記憶方法によって保存/再利用する。スタックは，本を積み上げていくようにデータ項目を保存する。可能な操作は，一番上に新規追加することと，一番上を取り出して削除することの二つである。一番上以外のデータを見ることはできない。そのため，スタックは後入れ先出し（last-in first-out）メモリとも呼ばれる。

図3.22は`pushMatrix`/`popMatrix`関数の処理を示す模式図である。ス

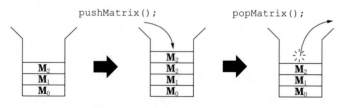

図3.22　行列格納スタックの操作

タックを本と同じ大きさの深い箱として表現し一つの行列データを本1冊に見立てている。現在の行列はスタックの一番上にある行列と定めてある。これはProcessing システムでの規定である。

pushMatrix 関数は，スタックの一番上にある現在の行列の値をコピーし，同じ値の行列をスタックに積み上げる。もし現在の行列が乗算されて置き換わっても，pushMatrix 関数実行時の行列は保存されていることになる。popMatrix 関数はスタックの一番上の行列を削除する。結果として，上から2番目にあった行列が現在の行列となる。

実際にプログラムで行列操作関数を実行している例と，各行の実行によって変化するスタックの内容を**図3.23**に示す。最初の行 rotate(radians(30))関数実行後の状態，つまり pushMatrix 関数実行前の状態と，途中 popMatrix 関数実行直後の状態（現在の行列）が同じ $\mathbf{M_0R_1}$ になることに注目してほしい。

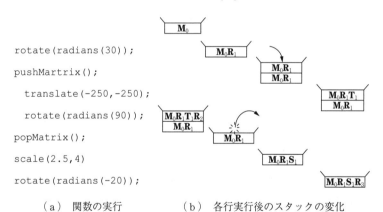

rotate(radians(30));
pushMartrix();
translate(-250,-250);
rotate(radians(90));
popMatrix();
scale(2.5,4)
rotate(radians(-20));

（a）関数の実行 　　　（b）各行実行後のスタックの変化

図3.23 プログラム例とスタックの状態変化

3.4 **ディジタルカメラモデルと投影変換**

座標変換は CG システムの処理においてきわめて重要な要素技術である。ここまでは，2次元図形に対する幾何学的変換について述べた。本節では，3次元 CG 処理の流れの中で座標変換がどのように用いられるかを説明する。3次

元 CG 処理はカメラ撮影にたとえることができ，その処理方式を**ディジタルカメラモデル**（digital camera model）と呼ぶことがある。撮影者（ユーザ）の立場での手順は以下のようになる。**図 3.24** は以下の（1）～（5）に対応する結果を示す模式図である。

(1)　被写体を準備する

　　・モデルを作る

　　・モデルを配置する　　　　　　　　　　［モデリング変換の設定］

(2)　カメラを設定する

　　・位置と向きを決める　　　　　　　　　［視野変換の設定］

　　・レンズの種類を選ぶ（広角・望遠）　　［投影変換の設定］

(3)　光源を用意する

　　・色・明るさ

　　・配置

(4)　画像を撮影する

(5)　画像を調整する

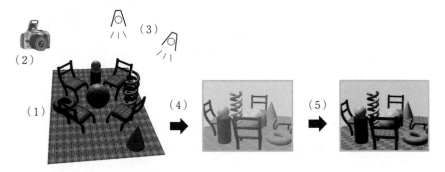

図 3.24　カメラ撮影手順と 3 次元 CG 処理

　これらの項目のうち，3.4 節では，右側に［　］で示した座標変換に関する処理について述べる。上記のうち(3)～(5)に対応する技術は 3 次元 CG のたいへん興味深いトピックである。しかし，本書は基礎技術に焦点を絞るためにこれらは省略する。

3.4.1　ビューイングパイプライン

先に示したディジタルカメラモデルの処理において，システム側はどのような処理を行うか。簡単に言うと，すべての頂点座標 (x, y, z) に対する座標変換処理すなわち行列の乗算を繰り返す，ということになる。その繰返しの流れ作業処理を**ビューイングパイプライン**（viewing pipeline）と呼ぶ。

ビューイングパイプラインは以下のような変換から構成される。

〔1〕　**モデリング変換（モデリング座標系 → ワールド座標系）**　　各被写体を配置することに相当する。配置を担当するデザイナーやプログラマーがツールソフトや幾何学的変換関数（translate や rotate）によって設定する。

〔2〕　**視野変換またはビューイング変換（ワールド座標系 → カメラ座標系）**　　カメラ位置と向きを決めることに相当する。デザイナーやプログラマーがワールド座標上でのカメラ位置座標を設定する。Processing の場合だと translate 関数や rotate 関数で設定したり，camera という関数を使ったりして設定する。

〔3〕　**投影変換（カメラ座標系 → 投影座標系または正規化デバイス座標系）**　　上下左右と奥行の撮影範囲（後述するビューボリューム）を設定する。レンズのズームの度合いを決めることに相当する。この後の 3.4.2 項，3.4.3 項で詳しく述べる。Processing では frustum 関数などを使って設定できる。

〔4〕　**ビューポート変換（投影座標系 → ウィンドウ座標系）**　　上記の撮影範囲を最終表示ウィンドウ内のどの範囲に対応させるかを設定する。写真を引き伸ばしてアルバムに配置することに相当する。

ビューイングパイプラインによって頂点が処理される様子を図解したものが**図** 3.25 である。

この図では，1 枚の三角形の三つの頂点が，4 回の座標変換により，五つの異なる座標系を基準とした別々の座標値で表現されることを示している。以下，それぞれの座標系について述べる。

モデリング座標系（modeling coordinate system）は，デザイナーが形状モデルを作ったり，Processing プログラマーが図形描画関数で座標を指定したり

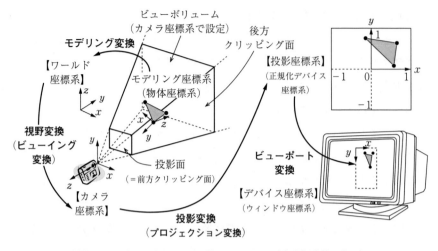

図 3.25 ビューイングパイプラインによる頂点座標変換の処理

するときに使用する座標系である。座標系の原点や軸の向きはデザイナーやプログラマーが，個々の図形ごとに自分に都合のよいように，考えやすいように設定する。実際に人が頂点座標の数値を意識するのはこの座標系である。残りの座標系での頂点座標はコンピュータ内部で使用されるだけで，人が読んで利用することはほとんどない。

ワールド座標系（world coordinate system）は，デザイナーやプログラマーが各形状モデルを配置して撮影シーンとして用意するために使用する座標系である。原点や軸の向きは，配置の基準として考えやすいように設定する。ワールド座標系に変換された頂点座標は人間が数値を直接扱うことはあまりないが，配置のために CG 表示された（ビューイングパイプラインで処理された）画像を見て幾何学的変換の設定を調整する。デザイナーであればツールを使い，Processing プログラマーであれば translate 関数や rotate 関数呼出しのパラメータを使い調整する。

カメラ座標系（camera coordinate system）は，CG 表示処理の最初の段階としてシステム内部で使われる座標系である。原点はカメラの位置（視点の位置）で，カメラが視線方向を向いたときの右向きを x 軸，上向きを y 軸にす

る。z軸方向は視線と一致する。視線の前方向きをz軸の正の向きにするか，後方向きをzの正の向きにするかはシステムによって異なる。DirectX は前者を，Processing や OpenGL は後者を採用している。

投影座標系（projection coordinate system）は**正規化デバイス座標系**（normalized device coordinate system, NDC）とも呼ばれ，システム内部で使われる。撮影範囲（ビューボリューム）が立方体に変形して対応付けられる。すべての形状はその変形の影響を受ける。原点は立方体の中心である。z方向を無視すれば，xy座標上で原点を中心とする正方形となる。その範囲がCG表示範囲に対応付けられる。

ウィンドウ座標系（window coordinate system）または**デバイス座標系**（device coordinate system）は，表示画面上の座標系である。例えば Processing の場合なら実行プログラムの表示ウィンドウ内の描画領域の左上隅が原点で，画面右向きがx軸，画面下向きがy軸となる。描画領域は正規化デバイス座標系のxy平面の正方形に対応付けれらる。

ここで思い出してほしいのは，これら座標系の間を関係付ける各変換（本節最初の〔1〕～〔4〕）は，それぞれが一つの行列で表されているという点である。ビューイングパイプラインは3次元CG処理なので3次元の同次座標を使う。すなわち4×4の行列で各変換が記述される。

また，ビューイングパイプラインは各頂点の処理であることにも留意してほしい。三角形の塗りつぶし処理は含まない。ウィンドウ座標系まで変換し終えた三角形頂点データは，つぎの処理であるラスタ化に渡されて塗りつぶしが行われる。ラスタ化については2章で詳しく述べた通りである。

3.4.2　モデリング変換と視野変換の例

ここでは，Processing のプログラムを使ってモデリング変換と視野変換の実例を示す。プログラムの中身は幾何学的変換で示した例と似ているが，モデリング変換・視野変換を意識してほしい。

ここでは，長さ100の立方体を傾けて表示するプログラム例を示す。立方体

のモデリング座標は，Processing が用意している box 関数が基準とする座標系と解釈する。すなわち立方体中心は原点に一致させ，立方体各辺は xyz 座標軸に平行に設定する。

図 3.26(a)はプログラム例，図(b)はその描画結果，図(c)はこの例におけるモデリング座標系・ワールド座標系・カメラ座標系の位置関係である。プログラムで書く順序は，(1)が視野変換，(2)，(3)がモデリング変換の設定である。プログラムでの記述は，3.3.1 項や 3.3.5 項でも言及したように，現在の座標系を変換すると考えるので，視野変換が最初で，つぎがモデリング変換という順番になる。

一方，頂点を変換するシステム側の観点で 4×4 行列を考えてみる。(1)の平行移動を $\mathbf{T}_z$，(2)の回転変換を $\mathbf{R}_y$，(3)の回転変換を $\mathbf{R}_x$ とする。配置のた

```
(1) translate(0,0,depth);
(2) rotateY(radians(heading));
(3) rotateX(radians(pitch));
    drawXYZAxes();
    box(100);
```

（a） 立方体とモデリング座標系の
座標軸を描画するプログラム

（b） 描画結果

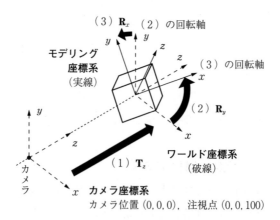

（c） 三つの座標系の位置関係

図 3.26 モデリング変換と視野変換の例

めのワールド座標系は，原点を立方体中心に一致させ座標軸向きはカメラ座標
系と一致させたと考えると，モデリング変換行列は $\mathbf{R}_y\mathbf{R}_x$，視野変換行列は $\mathbf{T}_z$
となる。立方体を描くときの現在の行列は $\mathbf{T}_z\mathbf{R}_y\mathbf{R}_x$ となっている。

長さ 100 の立方体の一頂点のモデリング座標系での座標 $\mathbf{v}_M$ は例えば $\begin{pmatrix} -50 \\ -50 \\ -50 \\ 1 \end{pmatrix}$

である（3次元の同次座標）。この頂点のワールド座標系での座標を $\mathbf{v}_W$，カメ
ラ座標系での座標を $\mathbf{v}_C$ とすると

$$\mathbf{v}_W = \mathbf{R}_y\mathbf{R}_x\mathbf{v}_M \tag{3.13}$$

$$\mathbf{v}_C = \mathbf{T}_z\mathbf{v}_W = \mathbf{T}_z\mathbf{R}_y\mathbf{R}_x\mathbf{v}_M \tag{3.14}$$

が成り立つ。これらの式を見ると，システムは頂点に対してまずモデリング変
換 $\mathbf{R}_y\mathbf{R}_x$ を施し，つぎに視野変換 $\mathbf{T}_z$ を施していることがわかる。

なお，図 3.26 の例ではワールド座標系をカメラ座標系から平行移動したも
のと解釈している。じつはこの例ではこれ以外に二つの別の解釈ができる。

一つは，ワールド座標系をカメラ座標系に一致させる例である。その場合に
は，モデリング変換は $\mathbf{T}_z\mathbf{R}_y\mathbf{R}_x$ であり，視野変換は単位行列と解釈する。新た
な形状を追加する場合はカメラ位置を基準と考えて配置することになる。図
3.26（a）のプログラム上では新たな形状を（1）の前に，その物体のモデリング
変換と合わせて記述する方法がある。このとき pushMatrix / popMatrix 関
数を使い，つぎに記述する立方体のモデリング変換に影響しないようにする必
要がある。

二つ目の例として，ワールド座標系をこの立方体のモデリング座標系と一致
させることも考えられる。その場合モデリング変換は単位行列，視野変換は
$\mathbf{T}_z\mathbf{R}_y\mathbf{R}_x$ である。そして，新たな形状の追加は，この立方体のモデリング座標
を基準にして配置することになる。プログラム上では新たな形状は（3）の行以
降に記述する。

どのようなワールド座標系を設定すべきかは，撮影用の形状モデルをどのように配置したいかによって異なる。配置を考えやすく都合がよい座標系を定め，それに従いモデリング変換や視野変換を設定することが重要である。

3.4.3　投影変換の概要

3次元 CG 処理の本質の一つは，3次元形状を2次元画像に表現することである。投影変換はその中核的な役割を果たす非常に重要な概念である。

3次元を2次元にするということは，簡単に言うと，xyz 座標のうちから z 座標を削除することである。もちろん，形状データからただ z をなくすだけでよいわけではない。画像化するために，別の言い方をするとウィンドウ座標系に変換するために，その前段階で各頂点の xy 座標が適切な値をとるようにする必要がある。この部分の処理が投影変換である。

z 値を削除することは，幾何学的にはつぎのようなことに相当する。すなわち，空間内のすべての形状の頂点を，カメラ視線（z 軸）に垂直な一つの面に向けて集約して押しつぶし，押し花のように記録することである。この集約する面を**投影面**（projection plane）と呼ぶ。**図 3.27** は投影変換の概念を示す例である。カメラの前にある矩形の投影面に，空間内の二つの三角形が集約されている。投影面上で xy 座標を設定すれば z 座標値が不要となることがわかる。

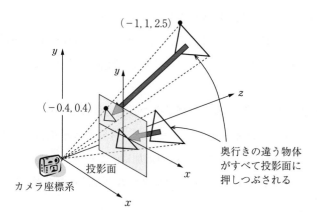

図 3.27　投影変換の概念

　投影変換を理解するためには，**視界**あるいは**ビューボリューム**（view volume）の考え方を知る必要がある。以降ビューボリュームと呼ぶことにする。ビューボリュームとは，投影変換前のカメラ座標系の3次元空間のうちどの部分を切り取って CG 表示対象とするかの範囲（表示範囲）を示す形状である。

　ビューボリュームの中に入っていない形状モデルは決して表示されることはない。形状の一部，例えば三角形の一部がビューボリューム外に突き出ていたら，システムはそのはみ出た部分を切り取って表示する。

　CG 処理における投影変換には2種類ある。一つは平行投影，もう一つは透視投影である。いずれもビューボリュームは6面体である。平行投影のビューボリュームは直方体である。より正確にはカメラの視線に平行な直方体である。透視投影のビューボリュームは，**フラスタム**（frustum，錐体）と呼ばれる形でピラミッド形（四角錐）の頂上部分を水平にカットしたような形である。カットされたピラミッドの頂点がカメラ位置に対応し，視線は四角錐の中心軸に対応する。

　投影変換の処理内容は，幾何学的にはビューボリュームの6面体を立方体に対応付けるような変形を行う変換である。4×4 の行列で表現できるので，変換前（カメラ座標系）での図形中の線分は，変換後（正規化デバイス座標系）でも線分となる（もちろん長さや向きは一般には変化する）。詳細はこの後の二つの節で述べる。

　投影変換は，3次元を2次元に変換する印象はあるが，厳密にはビューボリュームから立方体への変形なので3次元空間同士の変換である。しかし，実質的には投影変換を終えると，形状の xy 座標は，最終目標とする2次元の表示画面上の位置関係に近い状態すなわち本項冒頭で述べた「適切な値」の xy 座標となる。後は z 座標を無視すれば2次元になる。実際，ビューイングパイプラインにおいては投影変換の直後に各頂点の z 値は切り捨てられる。

3.4.4 平 行 投 影

平行投影（orthogonal projection）は，文字通り平行に投影するような変換

である。つまり，すべての頂点を視線（z軸）に平行な方向に移動させ，ある
1面に集約させる。カメラ座標系におけるカメラ・ビューボリューム・変換対
象形状の位置関係は**図 3.28**（ a ）のようになる。

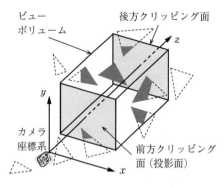

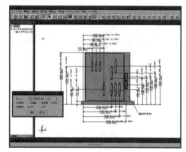

（ a ）　カメラ座標系での位置関係（三角形の
うちグレー部分だけが表示される）

（ b ）　平行投影を活用する CAD の
表示画面

図 3.28　平行投影とその CG 表示例

3.4.3項で述べたとおり，平行投影の設定はビューボリュームとなる直方体
を定めることである。直方体の各辺はxyz軸のどれかに平行とする。そのた
めカメラ座標系で左右上下前後を区切る6面を設定することに相当する。具体
的にはxyz座標のそれぞれについて最小値と最大値を指定することになる。

　平行投影の特徴は，カメラに近い形状もカメラから遠い形状も投影後のxy
方向の大きさは変わらない点にある。実生活のカメラからは想像しにくいし，
表示結果からは奥行きを感じることができない。そのため，いわゆるリアルな
CG 表示のために平行投影が用いられることはない。

　平行投影が用いられる典型的な場面は，工業製品などの設計分野である。古
くから用いられている設計図面では，形状の各部の寸法が重要であるから，図
面上で大きさの比較が正確にできる平行投影が用いられる。すなわち，平面図
や立面図，側面図の投影法である。設計を支援する CAD（computer-aided
design）と呼ばれるソフトウェアの CG 表示システムでは，平行投影を用いて
このような三面図を描画する。図（b）は平行投影で表示し，寸法なども併記

した結果の例である。

3.4.5　透　視　投　影

透視投影（perspective projection）は 3 次元 CG では最も一般的に使われる投影法である。カメラに近い形状は大きく，遠い形状は小さく表示され，ユーザは奥行きを感じることができる。平行投影との違いはこの点にある。

　透視投影の計算方法のポイントは，行列の乗算の後，z の値で xy それぞれの値を割り算することである。カメラ視点位置が $z=0$ であるから，カメラから遠いほど z の値は絶対値が大きく，z で割り算した xy の値は 0 に近くなる。つまり，カメラから遠い形状ほど投影後に小さくなる。

　図 3.29 は，カメラ座標系における透視投影のビューボリュームを示す。ビューボリュームの 6 面体は，錐体（フラスタム）であることから，これを**ビューフラスタム**（view frustum）と呼ぶこともある。6 面のうち視線に垂直な 2 面は，カメラに近いほうを**前方クリッピング面**（near clipping plane），遠いほうを**後方クリッピング面**（far clipping plane）と呼ぶ。

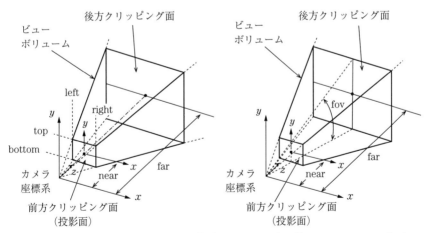

frustum(left,right,bottom,top,near,far)　　perspective(fov,aspect,near,far)

（a）　投影面における範囲を用いる方法　　（b）　画角と投影面アスペクト比を用いる方法

図 3.29　透視投影のビューボリュームの設定

透視投影の投影面は前方クリッピング面と想定する場合が多い。投影変換を実行した後 z 座標を除いた xy 座標は，形状の各頂点をカメラ視点に向けて移動し投影面に集約したような位置を表すことになる。

透視投影の設定法の一つは，平行投影と同様に，ビューボリュームの6面体の位置を決定する左・右（x 座標），下・上（y 座標），前・後（z 座標）の六つの値によって決める方法である。これを図（a）に示す。平行投影と異なるのは，ビューボリュームがカメラからの奥行きに応じて拡がりを持ち，xy の範囲が大きくなっていく点である。そのため，xy の値を指定する際は，基準の奥行として前方クリッピング面における左右上下の範囲を表すと定めることが普通である。Processing では，透視投影のこのような設定は frustum 関数によって行う。

もう一つの設定法として，左右上下の範囲の代わりに，**画角**（field of view）と投影面の**アスペクト比**（aspect ratio）との二つを用いる方法がある。

画角は透視投影の左右または上下の範囲を定める角度で，カメラの視点位置においてビューボリュームの左右または上下の面が交差する角度に相当する。Processing は perspective 関数を用意しており，画角は上下方向の範囲を決める角度として設定する。これを図（b）に示す。アスペクト比は一般に矩形形状（xy 軸に沿った長方形）の縦横比を表す数値で，横の長さを縦の長さで割った値である。アスペクト比が1の場合は正方形を表す。横長であれば1より大きく縦長だと0と1の間の値となる。

画角とアスペクト比（perspective 関数）で設定するビューボリュームは，視線を中心に上下左右が対称な形状となる。これに対して範囲を直接指定すると（frustum 関数），視線が必ずしも投影面の中心を通らない（off-axis と呼ぶ）非対称形のビューボリューム設定も可能である。複数のディスプレイを並べて一つの場面を CG 表示する場合，個々のディスプレイにおけるビューフラスタムは非対称にする必要がある。

ここで，透視投影の画角と結果の CG 画像の見え方との関係について述べる。**図 3.30** を見てみよう。画角が大きいほど形状が遠くにあるように見えて

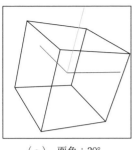  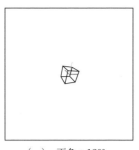

（ａ）　画角：30°　　　　　（ｂ）　画角：60°　　　　　（ｃ）　画角：120°

図3.30　画角と見え方の関係（カメラからの距離一定）

いるが，じつはカメラから立方体中心までの距離は（ａ）〜（ｃ）のいずれも一定
である。また，大きさを考えず形だけを見るとまったく同じであることがわか
る。画角増大に伴い視野の範囲が広くなる一方で，最終的な表示枠のウィンド
ウの大きさは変わらないのであるから，物体が小さな表示範囲に押し込められ
縮小されて見えるということになる。

　実際に透視投影の設定を行う際に知っておくべき点は，画角が大きいと形状
のゆがみが特に画面端や隅のほうほど大きくなるということである。**図3.31**
は，画面上でおおむね同じ大きさに見えるように画角と距離を調整した結果で
ある。画角が大きいほど距離を近くしないと画面上で大きく見せることはでき
ない。そして，画角が大きいと画面の端に近づくにつれゆがみが目立つことが
わかる。一つ前の図3.30（ｃ）は画角が大きくても，画面中心付近でのゆがみ
は少ないため図3.30（ａ），（ｂ）と同じ形に表示される。

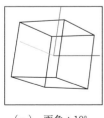 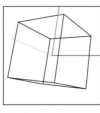 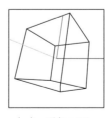 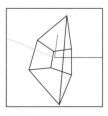

（ａ）　画角：10°　　（ｂ）　画角：30°　　（ｃ）　画角：60°　　（ｄ）　画角：120°
　　　　距離：1 000　　　　　距離：320　　　　　距離：170　　　　　距離：100

図3.31　画角・カメラからの距離と見え方との関係

3.4.6 クリッピング

投影変換におけるもう一つの重要な処理は**クリッピング**（clipping）である。クリッピングは，表示対象の各三角形がビューボリュームの外にはみ出ているかどうかを検出し，はみ出ている部分を切り取った図形に置き換える処理である。三角形全体が外にある場合にはその三角形を除外する。

クリッピングが実行されるタイミングは，投影変換が終わって正規化デバイス座標系に図形が変換された直後である。このため正規化デバイス座標系のことを**クリッピング座標系**（clipping coordinate system）と呼ぶ場合もある。正規化デバイス座標系では，ビューボリュームは原点を中心として1辺の長さ2の立方体で，その8頂点の座標は（±1, ±1, ±1）である。そのため，ある頂点がビューボリュームの中にあるか外にあるか調べる**内外判定**（inside-outside test）が容易だという利点がある。

図3.32はクリッピング処理の効果を示す図である。便宜上，正方形をビューボリュームとして2次元平面上で描いているが，実際は3次元で同様な処理を行う。この処理は，頂点の内外判定以外にも線分や三角形全体の内外判定も必要となり，単純ではない。しかし，頂点の存在場所の場合分けの方法を工夫して効率よく判定するアルゴリズムは確立されている。本書ではその方法には言及しない。ここではクリッピング処理の結果を理解してほしい。

三角形の一部がビューボリュームの外にはみ出ている場合には，なぜわざわ

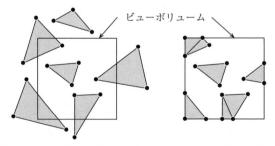

（a） クリッピング前の三角形　　（b） クリッピング後の三角形

図3.32 クリッピング（2次元の模式図）

ざ新しい頂点を用意して図形の数を増やすのか。一つの理由は，ビューイング
パイプラインが終わった後の三角形ラスタ化（塗りつぶし処理）の段階で，塗
りつぶされるすべての画素がウィンドウの表示範囲内にあることを保証できる
からである。これによりラスタ化の処理効率を落とさないで済む。

3.4.7　透視投影の変換行列

　本書では透視投影の 4×4 行列の導出は省略する。その代わり，実際によく
用いられる透視投影の変換行列を図 **3.33** に示し，それによってビューボリュー
ムの 8 頂点が変換される結果を示す。

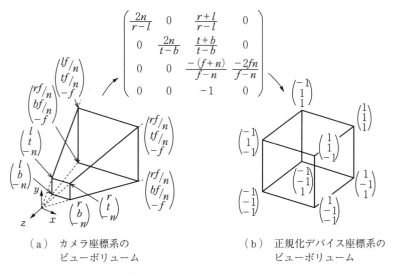

（a）　カメラ座標系の
　　　ビューボリューム

（b）　正規化デバイス座標系の
　　　ビューボリューム

図 **3.33**　透視投影の 4×4 行列とビューボリュームの変換

　ここで，六つのパラメータ l, r, b, t, n, f は，Processing の frustum 関数のパ
ラメータとして与える座標値で，図 3.29(a) における left, right,
bottom, top, near, far の値にそれぞれ相当する。図 3.33 ではカメラ座標
系の z 軸を視線の後ろ向きに設定してある。パラメータ n, f すなわち near,
far の値は，原点からそれぞれ前方クリッピング面，後方クリッピング面へ
の<u>距離</u>として与える，という規約になっている。そのため n も f も必ず正の値

をとり，n よりも f のほうが必ず大きいという設定になる。

　読者はぜひ，図 3.33 にあるカメラ座標系ビューボリュームの各頂点座標に
対して，この 4×4 行列を左から掛ける計算をしてみてほしい。頂点座標は同
次座標で表現するため，四つ目の w 座標として 1 をつけ加える必要がある。
また，計算後に得られる 3 次元の同次座標に対しては，幾何学的に正しい xyz
座標値を得るために w 座標の計算式で xyz 各座標の計算式を割り算する必要
がある。この割り算こそが，「遠くにある図形を小さく表示する」という透視
投影の本質を実現する過程である。

3.5　画像の幾何学的変換

　3.2 節と 3.3 節では図形を自在に配置するための幾何学的変換について，
3.4 節では 3 次元空間の図形を画面に投影するための投影変換について述べ
た。いずれも前提になっていたのは，変換される対象が図形を構成する頂点で
あるということである。これに対し本節で述べる画像の幾何学的変換により変
換される対象は画素の位置座標である。結果的には画像の形が変形し，中身の
画素の輝度値がそれに伴って再配置される。

　本節の内容は，3 次元 CG で図形を表示する際に多用されるテクスチャマッ
ピング法に密接に関連している。テクスチャマッピングは，事前に与えられた
ディジタル画像を図形表面に貼り付ける効果である。最終的な CG 表示画面で
の図形の向きに応じて，貼り付いた画像は正しく変形しなければならない。

　本書ではテクスチャマッピングそのものについての詳細説明は行わない。し
かし，本節で述べる再標本化やフィルタリングはテクスチャマッピングの基礎
となる要素技術である。このような応用を念頭において画像の幾何学的変換を
理解してほしい。変換そのものの概念は図形の場合と同様なので 3.5.1 項で簡
単に触れるにとどめる。画像の幾何学的変換特有の再標本化およびフィルタリ
ングが本節での主要なテーマである。

3.5.1 画像の幾何学的変換の例

画像の幾何学的変換の種類は，図形の幾何学的変換と同様である。拡大・縮小，回転，せん断といった1次変換や，それに平行移動を加えたアフィン変換は，画像にも適用できる。図3.1の座標変換の分類図をここでも参照するとよい。本項ではそれらの変換の例をいくつか示す。

図3.34は各種変換の実行例とその変換式および変換行列である。変換式の(x_i, y_i)は入力画像（図（a））の各画素の位置座標を表す。原点$(0,0)$は画像左上隅の画素中心位置に対応する。(x_o, y_o)は出力画像（図（b）〜図（h））における対応画素の位置座標である。

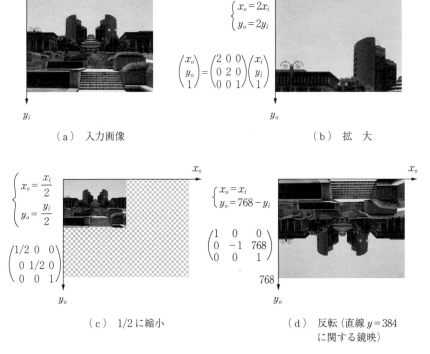

（a） 入力画像

$$\begin{cases} x_o = 2x_i \\ y_o = 2y_i \end{cases}$$

$$\begin{pmatrix} x_o \\ y_o \\ 1 \end{pmatrix} = \begin{pmatrix} 2 & 0 & 0 \\ 0 & 2 & 0 \\ 0 & 0 & 1 \end{pmatrix} \begin{pmatrix} x_i \\ y_i \\ 1 \end{pmatrix}$$

（b） 拡　大

$$\begin{cases} x_o = \dfrac{x_i}{2} \\ y_o = \dfrac{y_i}{2} \end{cases}$$

$$\begin{pmatrix} 1/2 & 0 & 0 \\ 0 & 1/2 & 0 \\ 0 & 0 & 1 \end{pmatrix}$$

（c） 1/2に縮小

$$\begin{cases} x_o = x_i \\ y_o = 768 - y_i \end{cases}$$

$$\begin{pmatrix} 1 & 0 & 0 \\ 0 & -1 & 768 \\ 0 & 0 & 1 \end{pmatrix}$$

（d） 反転（直線 $y = 384$ に関する鏡映）

図3.34 画像の幾何学的変換の例

$$\begin{cases} x_o = x_i \cos 20° - y_i \sin 20° \\ y_o = x_i \sin 20° + y_i \cos 20° \end{cases}$$

$$\begin{pmatrix} \cos 20° & -\sin 20° & 0 \\ \sin 20° & \cos 20° & 0 \\ 0 & 0 & 1 \end{pmatrix}$$

（e） 原点を中心に 20° 回転

$$\begin{cases} x_o = (x_i - 512)\cos 20° - (y_i - 384)\sin 20° + 512 \\ y_o = (x_i - 512)\sin 20° + (y_i - 384)\cos 20° + 384 \end{cases}$$

$$\begin{pmatrix} 1 & 0 & 512 \\ 0 & 1 & 384 \\ 0 & 0 & 1 \end{pmatrix} \begin{pmatrix} \cos 20° & -\sin 20° & 0 \\ \sin 20° & \cos 20° & 0 \\ 0 & 0 & 1 \end{pmatrix} \begin{pmatrix} 1 & 0 & -512 \\ 0 & 1 & -384 \\ 0 & 0 & 1 \end{pmatrix}$$

（f） 画像中心 (512, 384) の周りに 20° 回転

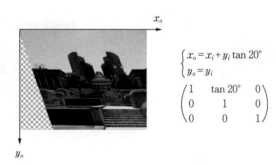

$$\begin{cases} x_o = x_i + y_i \tan 20° \\ y_o = y_i \end{cases}$$

$$\begin{pmatrix} 1 & \tan 20° & 0 \\ 0 & 1 & 0 \\ 0 & 0 & 1 \end{pmatrix}$$

（g） x 方向のせん断

図 3.34 （つづき）

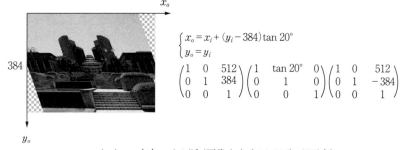

$$\begin{cases} x_o = x_i + (y_i - 384)\tan 20° \\ y_o = y_i \end{cases}$$

$$\begin{pmatrix} 1 & 0 & 512 \\ 0 & 1 & 384 \\ 0 & 0 & 1 \end{pmatrix}\begin{pmatrix} 1 & \tan 20° & 0 \\ 0 & 1 & 0 \\ 0 & 0 & 1 \end{pmatrix}\begin{pmatrix} 1 & 0 & 512 \\ 0 & 1 & -384 \\ 0 & 0 & 1 \end{pmatrix}$$

（h）　x 方向のせん断（画像中心（512, 384）が不変）

図 3.34　（つづき）

図（b）では入力の縦ベクトル $(x_i, y_i)^T$ に対して変換行列を左から乗じて，結果として出力の縦ベクトル $(x_o, y_o)^T$ が得られることを示した。図（c）から図（h）では変換行列のみを提示し，入出力の縦ベクトルの表記は省略している。もちろん各変換行列は同じ図で示す各数式と等価な内容を表現している。

　ここでは入力画像と出力画像の解像度は変換の内容に関わらず同じとした。実務的には幾何学的変換の処理は，全体でなにか複雑な処理を行う場合の一部であることが多い。幾何学的変換だけのために画像解像度を変えることはしない。そのためにはみ出て失われる部分も出るし逆に空白が生じる場合もある。そのような空白には市松模様を描くようにしている。

3.5.2　再　標　本　化

　CG システムが画像の幾何学的変換処理を行う際は，図形の幾何学的変換とは異なる使い方の変換を行う。ひとことで言うと，実際の処理は，3.5.1 項で示した変換式の逆変換計算を行う。

　簡単な例として，図 3.34（b）のように画像を 2 倍に拡大する処理を考えてみよう。ここでは，画素単位の処理がわかるように 1 次元の小さな画像を模式的に想定した。**図 3.35** では，1 次元（6 画素）の画像を 2 倍に拡大する二つの異なる変換方法を示している。

　図（a）では，<u>入力画像の各画素の位置座標値に対して，指定された変換（以</u>

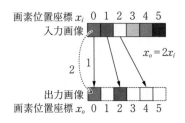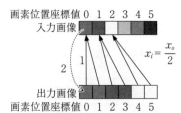

すべての入力画素について

1. 入力画素位置座標を変換
   （2倍）
2. 得られた出力画素位置に
   輝度値をコピー

（a） 入力画素位置を変換

すべての出力画素について

1. 出力画素位置座標を逆変換
   （1/2倍）
2. 得られた入力画素位置から
   輝度値をコピー

（b） 出力画素位置を逆変換

図 3.35　画像を 2 倍に拡大する二つの方法

降，順変換と呼ぶ）を施す。これはごく自然な考え方である。そして計算結果の位置座標に対応する出力画像の画素に，もとの入力画素の輝度値（すなわちRGB 値）をコピーする。これを入力画像のすべての画素について行う。しかし，拡大処理の場合，結果的に出力画像には輝度値が設定されないすき間ができてしまう。

　これに対して，図（b）では，出力画像各画素の位置に対して，指定された変換の逆変換を施すようにする。これにより入力画像の対応画素位置が計算結果として得られる。その対応位置にある入力画像の輝度値を，逆変換前の出力画素にコピーすればよい。こうすれば，出力画素にすき間が出ることはない。

　このように，出力画像の各画素について入力画像の対応位置を割り出し，出力画像にもれなく輝度値を設定していく方法を**再標本化**（resampling）と呼ぶ。

　画像の**標本化**（sampling）というのは，自然の景色などから計測や撮影によってディジタル画像の 1 画素 1 画素の場所に輝度値を与えることを言う。**図3.36** は標本化の概念を示す例である。標本化の際には画像の解像度を決め，どの場所から各画素に輝度値を拾ってくるかを決める。

　そもそもどんなディジタル画像も，必ず標本化の過程を経て得られたものである。2 章で示したラスタ化も標本化の処理の一種と言えるから，実際の撮影

画素

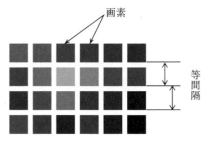

等間隔

（a） アナログ画像あるいは
実世界の情景

（b） 解像度6×4で標本化した
ディジタル画像のデータ

図3.36 ディジタル画像の標本化の例

を経ていない CG 画像も，標本化によって得たものに変わりはない。

図3.35（b）の方法は，もともと標本化されたものである入力画像に対して，解像度を再設定した空の出力画像を用意し，入力画像のどの場所から輝度値を拾ってきて埋めこむかも再度指定して標本化し直す処理である。そのためにこの方法は再標本化と呼ばれる。

再標本化を行わず入力画像から順変換することによってすき間が出るのは拡大処理だけに限らない。**図3.37**では，画像を10°回転した変換について，順変換と再標本化との結果の違いを示す。

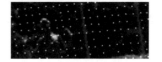

（a） 入力画素位置を変換

（b） 出力画素位置を逆変換
（再標本化）

図3.37 回転変換における順変換と逆変換（再標本化）の例

　さて，再標本化による実際の画像の幾何学的変換処理の内容はどうなってい
るだろうか。その様子を**図3.38**に示す。処理全体は出力画像をラスタスキャ
ンすることになる。そして個々の画素については，その (x_o, y_o) 座標値に対
して，指定された変換の逆変換を行う。変換結果の (x_i, y_i) 座標値にあたる入
力画像の画素位置（対応位置と呼ぶことにする）から画素値（RGB 値）をコ
ピーして出力画像の (x_o, y_o) の画素に格納する。

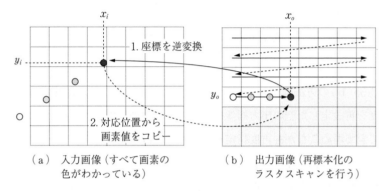

図3.38　再標本化による画像の幾何学的変換処理

　読者は図3.38を見て疑問点を少なくとも二つは抱くはずである。まず一点
は，逆変換した対応位置の座標 (x_i, y_i) が必ずしも入力画像のどれかの画素中
心位置とぴったり一致はしないのにどうやってコピーもとの画素値を決めるか
という点である。これについては3.5.3項で説明する。もう一つは，対応位置
(x_i, y_i) が入力画像の存在する範囲の外にあたる場合はどうするのかという点
である。これは図(a)の左下にある白いの○で示す対応点で起こっている。

　後者の疑問については，残念ながら出力画素 (x_o, y_o) の画素値を求めるこ
とはできない。そのような画素は，例えば空白を示す色を事前に決めておいて
その色にする，といった妥協策が考えられる。これは3.5.1項でも述べたとお
りである。**図3.39**は回転処理の例で，空白の場所には市松模様を描く妥協策
を施した例である。

　最後に，本節で示した再標本化による画像の幾何学的変換の，Processing プ

（a）　入力画像　　　　　（b）　出力画像（左上を中心に
　　　　　　　　　　　　　　　　　　　　　30°回転）

図3.39　再標本化による画像の幾何学的変換処理

ログラムによる実装例を**図3.40**に示す。この例は入力画像を2倍に拡大した
出力画像を求めるもので，表示結果は図3.34(b)で示したものとなる。拡大
の中心位置は左上でProcessingの座標としては原点 (0, 0) に相当する。また，
出力画像の解像度は入力画像と同じと定めている。

```
24  //再標本化による画像の幾何学的変換（画像を2倍に拡大する）
25  void transformImage() {
26    inImage.loadPixels();  //入力画像inImage.pixels配列を得る
27    outImage.loadPixels(); //出力画像outImage.pixels配列を得る
28    for (int yo = 0; yo < height; ++yo) {  //ラスタスキャン(縦移動)
29      for (int xo = 0; xo < width; ++xo) {  //ラスタスキャン(横移動)
30        int xi = xo / 2;  //注目位置(xo,yo)を
31        int yi = yo / 2;      逆変換して対応位置(xi,yi)を求める
32        if (xi < 0 || width - 1 < xi || yi < 0 || height - 1 < yi) {
33          //入力画像の対応位置(xi,yi)が範囲外なら、出力画素(xo,yo)は白くする
34          outImage.pixels[yo * width + xo] = color(255);
35          continue;
36        }
37        //対応位置(xi,yi)から注目位置(xo,yo)に画素値(RGB値)をコピーする
38        outImage.pixels[yo * width + xo] = inImage.pixels[yi * width + xi];
39      }
40    }
41    outImage.updatePixels();//編集したpixels配列を出力画像に戻す
42  }
```

図3.40　画像の幾何学的変換の実装例

　逆変換の処理は30行目と31行目にあたる。2倍ではなく，2で割っている
ことがわかる。空白の場所が生じた場合は34行目で画素の色を白にする設定
をしている。ただ，この拡大処理の場合空白の場所は生じないので，この部分
（34, 35行目）が実行されることはない。

3.5.3　フィルタリング処理

　画像の幾何学的変換は再標本化と逆変換により行うことを説明した。逆変換によって求めた対応位置は一般には入力画像の画素中心にぴったりと一致はしない。どの位置の画素を利用するかの方針として，つぎのような三つがある。

（1）　**ニアレストネイバー法**（nearest neighbor，**最近隣内挿法**）

（2）　**バイリニア補間**（bilinear interpolation，**双1次補間**）

（3）　**バイキュービック補間**（bicubic interpolation，**双3次補間**）

　上記（1）のニアレストネイバー法は一番簡単な考え方で，対応位置に最も近い画素の輝度値をそのままコピーして逆変換前の出力画素に格納する方法である。

　具体的には，対応位置 (x_i, y_i) を計算後，その値を四捨五入して整数値とした座標の画素を最も近いとみなす。（2）のバイリニア補間は，対応位置に最も近い4画素（2×2画素）を利用する方法で，具体的な計算方法はこの後の3.5.4項で説明する。（3）のバイキュービック補間は，対応位置付近の16画素（4×4画素）を使い対応位置の画素値を計算する。

　ニアレストネイバー法は，計算処理が速い代わりに結果の画質はモザイク状になったりジャギーが目立ったりする。バイリニア補間はやや計算時間が掛かるが比較的滑らかな画質が得られる。バイキュービック補間は，バイリニア補間の数倍から10数倍の処理時間が掛かる代わりに，バイリニア補間で生じるぼやけが緩和され，最もよい画質が得られる。補間による処理は，画像中の近隣画素の輝度変化を緩やかにする**平滑化フィルタ**（smoothing filter）の効果があるため，**フィルタリング**（filtering）**処理**と言われることもある。

　図 3.41 はフィルタリングの有無や種類によって画質がどう変わるかを示す例である。違いをはっきり見せるために，やや極端な 20 倍の拡大処理を施した。

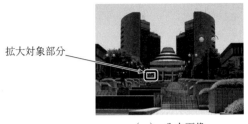

拡大対象部分

（a）　入力画像

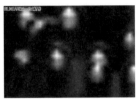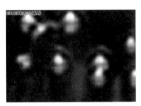

ニアレストネイバー法　　　　バイリニア補間　　　　バイキュービック補間
（最近隣内挿法，フィルタなし）　（双1次補間）　　　　　（双3次補間）

（b）　画像の一部に対し縦横ともに20倍の拡大を行った結果（口絵6参照）

図3.41　フィルタの種類による画質の違い

3.5.4　バイリニア補間処理の実際

　ここでは，バイリニア補間の処理について少し詳しく説明する。再標本化の過程で出力画像のラスタスキャンを行う中の1画素に注目する。注目画素の出力画像内での座標を $P(x_0, y_0)$ とする。座標 P を逆変換した，入力画像内の対応位置を $P'(x_i, y_i)$ とする。P' の値 (x_i, y_i) は一般に整数にはならない。この状況を**図3.42**に例示する。以下，この例を使ってバイリニア補間の過程を説明する。

　図3.42（a）には，入力画像を拡大して，対応位置 P' 付近の4画素（2×2画素）を示している。正方形の1マスが画素で，それぞれの画素の中心位置座標（xy はともに整数値）を $P_{00}(x_{00}, y_{00})$，$P_{10}(x_{00}+1, y_{00})$，$P_{01}(x_{00}, y_{00}+1)$，$P_{11}(x_{00}+1, y_{00}+1)$，とする。これらの画素の座標は未知数で，まず整数座標 (x_{00}, y_{00}) を求める必要がある。これは簡単で，以下の式により求まる。

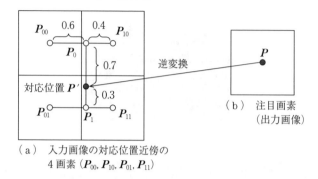

（a）　入力画像の対応位置近傍の
　　　　4 画素（$P_{00}, P_{10}, P_{01}, P_{11}$）

図 3.42 バイリニア補間による画素値計算法

$$\begin{cases} x_{00} = \text{floor}(x_i) \\ y_{00} = \text{floor}(y_i) \end{cases} \tag{3.15}$$

つまり，対応位置 P' の各座標の小数部を切り捨てればよい。floor は切り捨てを行う関数で Processing でも使用できる。図 3.42 の例では x_i の小数部は 0.6，y_i の小数部は 0.7 となっている。

近傍 4 画素が見つかったら，今度はそれらの画素の画素値（R, G, B）から対応位置 P' にふさわしい画素値を補間によって求める。このとき R, G, B のそれぞれの色について同じ計算を行うので，C という変数名で R, G, B を代表して表すことにする。入力画像中の対応位置 P' の近傍 4 画素 $P_{00}, P_{10}, P_{01}, P_{11}$ の色（既知）をそれぞれ $C_{00}, C_{10}, C_{01}, C_{11}$ とする。

まず x 方向の隣接画素間の補間を考える。P_{00}, P_{10} の間に存在して x 座標が P' と等しいような位置を $P_0(x_i, y_{00})$ とする。P_0 は P_{00} と P_{10} を 6：4 に内分する点である。P_0 における色 C_0 を x 方向の線形補間により求めるとつぎのようになる。

$$C_0 = 0.4 C_{00} + 0.6 C_{10} \tag{3.16}$$

同様に P_{01} と P_{11} を 6：4 に内分する点 $P_1(x_i, y_{00}+1)$ における色 C_1 は

$$C_1 = 0.4 C_{01} + 0.6 C_{11} \tag{3.17}$$

となる。

今度は y 方向の隣接画素間の補間を行う。前述の 2 点 P_0, P_1 は同じ x 座標

x_i を持つので両者を結ぶ線分は y 軸に垂直で，しかも対応位置 $P'(x_i, y_i)$ はその線分上にある。そして y_i の小数部がこの例では 0.7 だから，P' は P_0, P_1 を $7:3$ に内分する点である。したがって，P' の色 C' は以下のような y 方向の線形補間により得られる。

$$C' = 0.3C_0 + 0.7C_1 = 0.12C_{00} + 0.18C_{10} + 0.28C_{01} + 0.42C_{11} \qquad (3.18)$$

こうして求まった色 C' を出力画像の注目画素 P に格納する。

図 3.42 の例では対応位置 P' に最も近い画素は P_{11} であり，式（3.18）で実際に C_{11} の係数 0.42 が最も大きな重みになっていることがわかる。

以上のように，xy の 2 方向に対する線形補間（1 次関数による補間）を順次行うことから，この処理はバイリニア（bilinear）補間（双 1 次補間）と呼ばれる。

3.5.5　補間方式の違いと使い分け

バイキュービック補間の詳細については本書では省略し，ここでその概念的な説明を行う。近傍画素の画素値（輝度）から補間する点でバイリニア補間と同じだが，線形補間（1 次関数による補間）ではなく，3 次関数を使った補間計算を行う。

図 3.43 は，前に図 3.41 で示したのと同じく入力画像に対して 20 倍の拡大処理を実行した例である。一部をさらに拡大し，ニアレストネイバー法・バイリニア補間・バイキュービック補間の 3 手法の結果の違いを提示している。

図 3.43 の下部にあるそれぞれのグラフは輝度変化を 1 次元の出力画素配置に対応付けた概念図である。縦軸は各画素の輝度である。横軸は上部の結果画像中央部分の水平線上の各位置に対応する x 座標と想定してよい。ニアレストネイバー法では補間を行わないので，拡大前の画素（○印）における輝度がそのまま拡大後の画素に使われる。バイリニア補間は拡大前の隣接画素間の輝度を直線で補間して拡大後の輝度を計算していることがわかる。

バイキュービック補間は入力隣接画素間の輝度の補間を 3 次関数の曲線によって行う。ある出力画素値を求めるとき使う補間前の入力画素は近傍 16 画

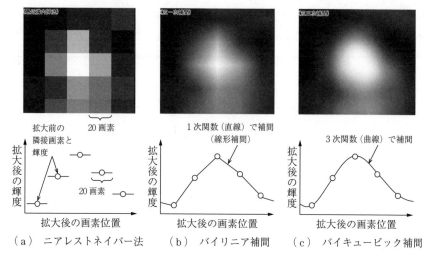

図 3.43　補間による輝度計算の違い（20 倍拡大処理の例，口絵 7 参照）

素（4×4 画素）である。これは図中のグラフで言うと，1 区間の 3 次関数は，その前後も含む 3 区間 4 端点によって定義されていることに相当する。4 点の入力輝度から算出される係数を持つ 3 次式で 1 区間の曲線ということになる[†]。

　図 3.43 で示す画像は，風景撮影画像のうち，球状の街灯（上半分が金属）を写した部分を拡大した結果である。図（a）の最近隣内挿法よりも図（b）のバイリニア補間，それよりも図（c）のバイキュービック補間の画質が明らかに優れていることがわかる。ただし，3.5.3 項でも述べたように，処理速度は図（a）が速く，図（b）はそれよりも少し遅い。図（c）はさらに数倍から 10 数倍の処理時間が掛かる。

　計算速度が重要なのは，ゲームにおけるリアルタイム CG 表示である。形状モデル表面に画像を貼りつけたような効果を表現する技術であるテクスチャマッピングで再標本化を行う際，処理時間が少ない最近隣内挿法を用いる場合が多い。処理時間に余裕がある状況ではバイリニア補間も利用される。バイ

[†]　図 3.43（c）のグラフを見ると全体が滑らかで一つの曲線式で表されているように見えるが，そうではなく一つひとつの区間がそれぞれ別々の係数の 3 次曲線を部分的に切り取った短い曲線でできている。図（b）の線形補間と同様である。

キュービック補間は，リアルタイム CG では使われない一方，Photoshop など
の画像編集ソフトで画質重視の幾何学的変換処理を行う場合に用いられる。

　最後に，再標本化やフィルタリング処理をテクスチャマッピングで活用する
場合の処理について補足説明する。テクスチャマッピングの際は 3.5.1 項や
3.5.2 項で示したような各画素に対する幾何学的変換の計算は（順変換も逆変
換も）行わない。出力各画素に対する入力テクスチャ画像対応位置の計算は，
三角形頂点ごとに与えられたテクスチャ座標 (u, v) をラスタ化で補間するこ
とによって行われる。これはすでに 2.3.6 項で説明した。対応位置座標（入力
テクスチャ画像上の座標）は，出力各画素のフラグメント情報の一項目として
保持され，再標本化のために利用される。

演 習 問 題

〔3.1〕　行列の保存と再利用を用いて描画する階層構造の物体の例をあげなさい。
〔3.2〕　上記の例で，一連の幾何学的変換の順番を説明しなさい。
〔3.3〕　ビューイングパイプラインの座標変換を順番に答えなさい。
〔3.4〕　ビューイングパイプラインの座標変換で変換されるものはなにか。
〔3.5〕　透視投影のビューボリュームの 8 頂点それぞれに図 3.33 で示した投影変
　　　　換行列を乗じると，正規化デバイス座標系の各頂点が得られることを示し
　　　　なさい。
〔3.6〕　図 3.42 のバイリニア補間の計算例において，最初に y 方向，つぎに x 方
　　　　向の順番で線形補間を行っても結果が式（3.18）と同じになることを示し
　　　　なさい。
〔3.7〕　図 3.40 の画像拡大プログラムを実装し，図 3.34 で示した各種変換の例を
　　　　実行するように修正しなさい。

4章 形状モデル表現の基礎

◆ 本章のテーマ

　本章は CG 処理の上流データに相当する形状モデルについて述べる。まず 3 次元形状をディジタルデータとしてどのように表現するか，基本的な方式について，その典型的な実施例をあげながら説明する。特にソリッドモデルについてはやや詳しく述べる。つぎに，曲線の表現法について，ベジエ曲線を題材に基礎的な概念を述べる。曲面に関しては，曲線表現概念の自然な拡張と考えることができるため，拡張部分の考え方を重点的に理解できるよう焦点を絞っている。以上は，形状モデリングの理論として確立されたテーマである。一方で，実務的には，CG モデルを特定の目的に適応させるためのさまざまな形状表現手法がある。それらの各種表現についても紹介する。なお，本書では形状モデルを作成するための技法（モデリング操作やユーザインタフェース）についての詳細は触れず，より基礎的で普遍的なモデル表現に重点を置く。

◆ 本章の構成（キーワード）

4.1　形状モデルの表現法
　　　サーフェスモデル，ソリッドモデル，CSG 表現，集合演算，基本立体
4.2　曲線と曲面
　　　パラメトリック曲線，ベジエ曲線，B スプライン曲線，曲面
4.3　各種モデル形状表現
　　　ポリゴン曲面，フラクタル，ボクセル，メタボール，点群データ，
　　　パーティクル

◆ 本章を学ぶと以下の内容をマスターできます

☞　CG の形状モデルの実体と表示結果との関係
☞　典型的な形状モデルの表現方法と記述形式に関する概念
☞　CG で使われる基本的な曲線や曲面の数学的記述と幾何学的性質
☞　特殊な形状モデルの各種表現方法

4.1 形状モデルの表現法

　本節では3次元形状をディジタルデータとしてどのように表現するか，基本的な概念について述べる。また，実務的に最も使われている具体的な表現形式（ファイル形式）のうち，OBJ フォーマットと POV-Ray を例に説明する。

4.1.1 形状モデルと形状モデリング

　「モデル」という用語にはさまざまな意味がある。「模範」「手本」「ひな型」であったり，より広範囲に「様式」「型」であったりする。物理的な形を持つ「模型」という意味もある。数理・情報技術の分野では，「型」や「方式」の意味で使われる。

　例えば，「シミュレーションモデル」「計算モデル」「数理モデル」などの用語は，ある種の現象群を一つの型（方式）に当てはめて説明し，その型で定めた条件の変更によりいろいろな現象を再現できるようにする，そのような型のことを指す。特にその中で数理モデルは，数式により表現できるものを指す。

　CG の分野において，モデルと言えば**形状モデル**（geometric model）のことであり，端的に言うと「数値データで表した模型」の意味で使う。そのような形状モデル，つまり模型となるデータを作成する過程を**形状モデリング**（geometric modeling）と呼ぶ。本書では，形状モデルを単に**モデル**（model）と呼ぶことがある。また，形状モデリングを単に**モデリング**（modeling）と呼ぶことがある。

　図 4.1 は，球を表現する形状モデルについて，その表示例を示す。図（a）は球のモデルをワイヤーフレーム表示によって，図（b）はシェーディング表示によって，図（c）はテクスチャマッピング表示によってそれぞれ表現した結果である。これらはいずれも同一の球の形状モデルを異なる方法で表示している。形状モデルに加えて，シェーディング表示では光源情報（位置・色）が，テクスチャマッピング表示ではテクスチャ画像が併用されていることに注意されたい。

（a） ワイヤーフレーム表示 （b） シェーディング表示 （c） テクスチャマッピング表示

図 4.1 形状モデルの表示例

それでは，図 4.1 では示されていない形状モデルの実体はなんだろうか。詳細は 4.1.2 項で述べるが，例えばテキストファイルのようなデータの集合が形状モデルの実体であり，その中では (x, y, z) の座標値で表される形状の基本要素や基本立体の組合せが記述される。いずれにしても，表示方法を指定すれば図 4.1 に示すように結果が一意に表示可能でなければならない。

形状モデリングとは，前述の模型，すなわち上記のような形状モデルの実体を準備する過程のことを指す。**図 4.2** は一般的な CG 表示処理の流れを示す。

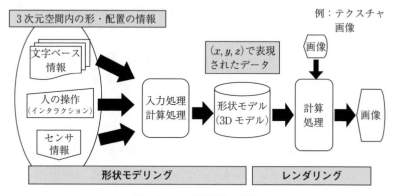

図 4.2 CG 表示処理の流れ

形状モデリングの入力情報は場合によってさまざまな形態をとる。典型的には文字ベースのファイルや，人のマウス操作情報・キーボード操作情報が入力となる。また，距離センサなどの計測機器によって得た数値データを入力とす

る場合もある。

このような入力情報をもとにコンピュータによって計算処理を行い，形状モデルの情報を出力する。この処理の過程が形状モデリングであり，その計算処理を行うアプリケーションソフトウェアをモデリングソフトウェアあるいはモデリングツールと呼ぶ。

形状モデリングが出力した形状モデルはさらに別の計算処理の入力となり，その出力が最終的な CG 画像の出力である。この計算処理がレンダリングである。本書では，2，3章で，レンダリング処理に含まれる基礎的な技術について述べた。一般にレンダリングは，3次元 CG のリアルな画像を生成する技術を指すが，本書ではそのような技術の説明は割愛する。

さて，ここで形状モデリングあるいはモデリングという用語の使われ方について補足しておく。CG 制作の観点でモデリングと言う場合は，人間（クリエイター）がモデリングソフトウェアによって操作を行う過程を指すことが多い。一方で，CG 技術全般の観点では，モデリングは，人の操作に加えてモデリングソフトウェアが形状モデルを出力する過程，すなわちシステム側の処理も含めて考える。

後者の観点では，例えばごく少数のパラメータ入力をもとに，コンピュータに形状を自動生成させる処理や，計測したデータから形状を生成する処理もモデリングと呼ぶ。本書ではこのように広い意味でモデリングという用語を用いる。

さらに，形状モデリングという言葉には，ひとかたまりの物体の表面の形を作っていく，というニュアンスがあるが，CG 分野ではより広い意味でとらえる。例えば，一つひとつの物体をどのように配置するかというレイアウト処理もモデリングに含まれる。さらには，モデル表面にテクスチャマッピングで貼り付ける画像を準備したりデザインしたりする過程もモデリングに含まれる。

4.1.2 形状モデルのファイル形式

前項では，形状モデルは例えばテキストファイルのようなデータの集合であ

る，と述べた。この4章ではそのデータ集合の詳細を解説し，最も簡単な具体例（obj形式）を使って紹介する。

　形状モデルは，CG表示ソフトウェアによって解釈可能であるために，一定の規約に従ったデータでなければならない。そのような規約は一般に**ファイル形式**（file format）あるいは**データ構造**（data structure）と呼ばれる。

　いずれも，数値や文字の情報によって「なにをどう表現するか」を決める約束事で，CG形状モデルに限らずあらゆるデータはそのような約束事に従っている。ファイル形式は文字通りファイルの中の情報の並べ方の規約であり，データ構造はソフトウェア実行時にメモリ上に展開される情報の並べ方の規約である。

　一般に，個々のソフトにはそれぞれ専用のファイル形式がある。例えばマイクロソフトWordであればdocx，Excelであればxlsxという形式である。ファイル名の最後の3〜4文字の**拡張子**（extension）として使われる文字列をもってファイル形式と呼ぶことが多い。

　CGの形状モデルにも，CGソフトの種類と同じだけの多種多様なファイル形式（拡張子）がある。さらに，複数のCGソフトで読み込める標準的なファイル形式だけでも何十種類かそれ以上あるかもしれない。どんな種類のファイル形式があるかは，Webなどで調べられるし，時代によっても変遷するので，本書では触れない。

　以降本章全般で形状モデルを説明するにあたって，実務的に人間同士のデータのやり取りとしても使われ，さらに文字情報として説明しやすい**テキストファイル**を想定する。

　本書では，基本的にはobjというテキストファイル形式を例として利用し，形状モデルの基礎的な概念を説明する。このobj形式は，1980年代からあるファイル形式である。旧Wavefront Technologies社（何度かの買収を経て2022年現在はAutodesk社）のソフトで使われ，その後標準的なファイル形式となった。開示された単純な規約で基本的な形状表現が可能である。多くのCGソフトはobj形式の形状データファイルの読み込み機能を備えている。

また，objでは表現しにくいような概念を説明する際にはpovという形式を利用する。このpov形式は，フリーのCGソフトPOV-Rayで使われるファイル形式である。

4.1.3 形状モデルの表現法

3次元形状を表現するうえで最も基本的なデータは頂点である。ここでは頂点をつないでできる形を前提とした形状モデルを考える。すなわち線分や多角形や多面体によって構成されると考える。このような形状モデルは実際に多くの場面で使われる。形状モデルの基本的な分類として**ワイヤーフレームモデル**（wireframe model），**サーフェスモデル**（surface model），**ソリッドモデル**（solid model）の3種類がある。以下，それぞれについて説明する。

〔1〕 **ワイヤーフレームモデル** ワイヤーフレームモデルは概念的なもので実用性は小さい。ワイヤーフレームモデルはエッジ（稜線）の列挙として表現される。エッジは二つの頂点をつないだ線分である。ワイヤーフレームモデルは面の概念を持たず，個々の三角形や四角形を特定して表現することはできない。仮に3頂点を順番につないだ三つのエッジがあっても，三角形が一つあるという情報は持たない。

面を特定できないため，ワイヤーフレームモデルをCG表示しようとしても三角形などの多角形を塗りつぶす処理は行えない。

テキストファイル形式でのワイヤーフレームモデル表現例を**図4.3**に示す。ここでは，5個の頂点座標をはじめに列挙している。一つの頂点はvで始まる1行で表記し，空白をはさんで頂点座標（x, y, z）の数値を並べている。ここまではobj形式に従っている。文字eで始まる行はエッジ一つを表す（これはobj形式にはないものである）。エッジを表す二つの番号は，上の五つの頂点のどれかを特定する番号である。一番上の行の頂点が番号1で，以下順番に2から5まで番号付けされる。

〔2〕 **サーフェスモデル** サーフェスモデルは，ゲームやVRの3次元形状データとして用いられることが多い。面の情報を持つため，CG表示ソフト

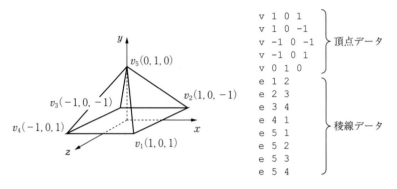

（a） 形状の例   （b） ワイヤーフレームモデルの表記例

図4.3 ワイヤーフレームモデルの表現例

が三角形や四角形を塗りつぶす処理を実行できる。obj 形式はこのサーフェス
モデルを想定したファイル形式である。サーフェスモデルは，複数の頂点の情
報と，一つ以上の面の情報とからなる。

図4.4（a）はサーフェスモデルの表現例で，図4.3と同じ四角錐の形状モデ
ルを表現している。v で始まる頂点データは同じで，その後は f で始まり頂点
番号を並べた行が続いている。例えば最初の **f 1 2 5** は，1番目・2番目・5番
目の頂点を順番につないだ三角形の面（face）があることを示している。

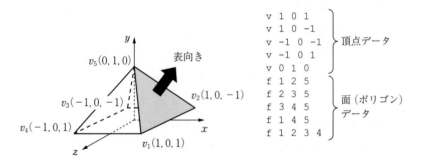

（a） ｆ１２５で示す三角形と   （b） サーフェスモデルの表現例
　　　その表裏（例）   　　　（obj 形式）

図4.4 サーフェスモデルの表現例

このように，サーフェスモデルでは，個々の面を三角形や四角形などの多角形で表現することが一般的である（ポリゴンではなく曲線や曲面により表現する方法は4.2節で説明する）。CG分野ではこのような多角形を英語で**ポリゴン**（polygon）と呼ぶことが一般的である。

サーフェスモデルにポリゴンの情報があれば，モデルデータを読み込んだCGソフトは各ポリゴンを塗りつぶす処理が実行可能となる。形状モデルの各頂点はモデリング座標系で表すことになっているため，CGソフトは，3章の3.5節で示したような変換を経て画面上の頂点座標に変換する。その後，2章で示したような塗りつぶし処理を行い画面に表示する。ポリゴン情報にはエッジ情報が結果的に含まれるため，面の線分を描画することもできる。

一つの面の中での頂点の並びの順番は重要である。CGソフトでは多くの場合，各面の表と裏を区別する必要がある。その区別のために頂点の順番を活用する。反時計回りの順番になるように見える側の面を表であると解釈することが多い。

図4.3(a)の四角錐を図4.4(a)のようなサーフェスモデルで表現した場合，f125で示した三角形は，四角錐の外側を向く面を表と解釈することになる。

〔3〕 **ソリッドモデル**　ソリッドモデルは，サーフェスモデルの持つ情報に加えて，立体的なひとかたまりの形状を特定する情報を持つ形状モデルである。イメージとしては，サーフェスモデルが紙風船のように中が空洞のものであるのに対し，ソリッドモデルは消しゴムのように中身が詰まっているものである。

いくつかのポリゴンの並びがひとかたまりの立体形状を構成する，という情報は，各ポリゴンの番号を列挙すればよい。**図4.5**は最も単純なソリッドモデルの表現例を示す。最後の行のs12345は，1番目の面から5番目の面の5枚がひとかたまりの固体形状（ソリッド：solid）を構成していることを表している。

当然のことであるが，ソリッドを構成する各面は，隣接する別の面との境界が一致してすき間がない状態になっていなければならない。もしすき間がある

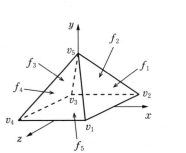

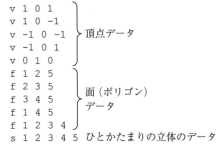

```
v 1 0 1
v 1 0 -1
v -1 0 -1  ⎫
v -1 0 1   ⎬ 頂点データ
v 0 1 0    ⎭
f 1 2 5
f 2 3 5    ⎫
f 3 4 5    ⎬ 面（ポリゴン）
f 1 4 5    ⎭ データ
f 1 2 3 4
s 1 2 3 4 5  ひとかたまりの立体のデータ
```

（a）　中身の詰まった四角錐の　　　　（b）　ソリッドモデルの表現例
　　　形状モデル　　　　　　　　　　　　　（"s" の表記は obj 形式にはない）

図 4.5　ソリッドモデルの表現例

場合は，CG ソフトは正しくソリッドモデルを処理することができない。表示処理だけであればすき間が見えるという軽微な不具合となるが，ほかの立体形状との衝突判定処理（ソリッドモデルでしばしば必要な処理）は誤動作してしまうこととなる。

　さらに，ソリッドモデルの各面は表と裏が揃っていることが必要である。例えば図（a）で示す五つの面の向きはいずれも四角錐の外側を向いている。一般にソリッドモデルでは，面の内側がかたまりの内部（固体材料に相当する）で，面の外側は外部（空気に相当する）とみなす。隣接する面同士で表裏が食い違っているとソリッドモデルに対して正しい処理を行うことはできない。

　ソリッドモデルは各種 CG ソフトのほか，工業製品の設計で使われる CAD（computer-aided design）ソフトで各種部品をモデリングするために使われている。

　また，ソリッドモデルの重要な操作として集合演算があるが，これについては 4.1.5 項で説明する。

4.1.4　形状モデルの CG 表示法

　ここでは，4.1.3 項で説明した形状モデル表現法と CG 表示手法との関係を説明する。形状モデルデータの観点から CG 表示手法を分類すると，すでに図

4.1で示した三つに分類できる。すなわち，ワイヤーフレーム表示，シェーディング表示，テクスチャマッピング表示である。

　このうち，ゲームや映画などのCG表示で使われるのは各ポリゴンを塗りつぶすシェーディング表示とテクスチャマッピング表示である。

　この二つについては，3次元CGの技術としてさまざまな手法や技法に細分化され，付随して使われる各種技法も多い。それらを解説するだけでも1冊の教科書になるぐらいである。本書は基礎技術を述べるのが目的であるため，これら二つの詳細な解説は行わない。シェーディング表示やテクスチャマッピング表示の基礎となる技術は本書の2章で述べた三角形の塗りつぶし処理である。

　ワイヤーフレーム表示は特殊な用途で用いられる。例えば，形状モデルの頂点構成を確認したい場合や，意図的にCGモデルであることを強調したい場合などである。

　それら三つの表示法に加え，ソリッドモデルに対しては，シェーディング表示と併用して**断面表示**（cross-section view）が特殊な用途で用いられる。典型的な例は，工業製品や部品の形状モデリング作業を行う際に，設計者が形状を確認するケースである。

　図4.6は，正しい断面表示を行うにはソリッドモデルが必要であることを示す例である。ここではノートPCの形状モデルについて，サーフェスモデルとして保持した場合とソリッドモデルとして保持した場合との断面表示の違いを

（a）　サーフェスモデルの断面表示　　（b）　ソリッドモデルの断面表示

図4.6　断面表示の例（口絵8参照）

示す。ノート PC モデルの側面が見えるようにカメラを設定し，投影面に平行な平面で形状全体の手前側を切り取った状態を描画している。このようにモデルを平面で切り取る表示処理はクリッピングと呼ばれる。切り取りに使う平面をクリッピング面と呼ぶ。

図(a)のようにサーフェスモデルに対してクリッピング表示を行うと，確かに各ポリゴンはクリッピング面によって切り取られている。しかし，各部品のかたまりの情報がないため，部品断面を正しく示すことはできない。一方で，ソリッドモデルでは部品のかたまりの内部（固体材料側）と外部（空気側）を区別することができる。そのため，切り取られた固体材料の断面を正しく表示することができる。

以上のように，基本的な 3 種類の表示法（ワイヤーフレーム表示・シェーディング表示・テクスチャマッピング表示）に断面表示を加えた 4 種類が，4.1.3 項で述べた各モデルに対して実行可能かどうかを列挙した表を**表** 4.1 に示す。

表 4.1　形状モデルと表示法との関係

	ワイヤーフレームモデル	サーフェスモデル	ソリッドモデル
ワイヤーフレーム表示	○	○	○
シェーディング表示	×	○	○
テクスチャマッピング表示	×	○	○
断面表示	×	×	○

注）○は表示可能，×は表示不可能であることを示す。

4.1.5　ソリッドモデルの CSG 表現

以降，ソリッドモデルに対して少し詳しく説明する。代表的な三つの表現法（CSG 表現，境界表現，スイープ表現）について例を使ってその概念を示す。本項と 4.1.6 項では，特にソリッドモデルでしか表現できない CSG について

述べ，それ以降で残り二つの表現について述べる。

CSG 表現（constructive solid geometry）は，ソリッドモデル特有の形状表現形式である。その最大の特徴は**集合演算**（set operation）を用いる点である。集合演算は，複数の**基本立体**（**プリミティブ**：primitive）を重ねて配置した状態から新しい形状を定義する操作である。演算結果として，空間内の任意の点が形状内部なのか外部なのか必ず判定できることになる。基本立体としては，幾何学的に単純な形状（球，直方体，円柱，円錐など）を用いる場合が多い。

集合演算の種類として，**和集合**（union），**積集合**（intersection），**差集合**（difference）がある。いずれの演算も，その演算対象は二つの形状である。数学における集合同士の演算と概念は同じである。平面の紙に描いたベン図で個々の集合を示す円形がそれぞれ3次元空間内の個々の基本立体に対応するものと考えて差し支えない。

例えば，基本立体として1個の直方体（box）と1個の円柱（cylinder）とを用い，和集合，積集合，差集合の演算を行った結果をそれぞれ**図4.7**，**図4.8**，**図4.9**に示す。これらの図では図（a）でテキストファイルによる記述例，図（b）は演算式による表記，図（c）は集合演算結果のCG表示を示す。

テキストファイルは，フリーのCGソフトPOV-Rayのファイル形式であるpov形式を使い，集合演算部分の行を抜き出して示している。

box 関数は基本立体としての直方体を表す。< および > で囲まれた二つの座

```
union {
    box { <-1, -1, -1>, <1, 1, 1>
    cylinder { <1, 1, -1>, <1, 1, 1>, 0.6
}
```

（a）記述例

$$B \cup C$$

（b）演算式

（c）表示結果

図4.7 和集合の例

```
intersection {
    box { <-1, -1, -1>, <1, 1, 1>
    cylinder { <1, 1, -1>, <1, 1, 1>, 0.6
}
```

（a） 記述例

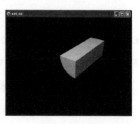

$$B \cap C$$

（b） 演算式

（c） 表示結果

図4.8 積集合の例

```
difference {
    cylinder { <1, 1, -1>, <1, 1, 1>, 0.6
    box { <-1, -1, -1>, <1, 1, 1>
}
```

（a） 記述例

$$C - B$$

（b） 演算式

（c） 表示結果

図4.9 差集合の例

標は，直方体の対角線の両端の頂点を表す。この例でのbox関数は，正確には各辺がx, y, z軸に平行な直方体を定義するものである。cylinder関数は円柱を表し，二つの頂点は中心軸の線分の端点を指定し，続く一つの数値は円柱の円の半径を表す。基本立体を表すこれらの各行は，pov形式ではさらに続きがあり，当該基本立体の色や材質などの属性の値が数値表記され，行の最後は } によって属性情報記述が完了したことを示している。しかし，図4.7～4.9の（a）の例では行の途中までを示し，それら属性値と行末の } とを省略している。

図4.7～4.9の（c）では，box関数の直方体をBと定義し，cylinder関数で示す円柱をCと定義したうえで演算式をそれぞれ示している。これらの図形（BおよびC）は，形状だけでなく，モデリング座標内で配置する位置や向きまで指定されていることに注意してほしい。集合演算を行う際の前提事項として留意したい。

以上，この項では，二つの基本立体に対する集合演算だけを示した。しか

し，実際の CG モデルを作成するには，集合演算した結果の立体形状モデル同士に対してさらに集合演算を繰り返す必要がある。

そのためには，各基本立体をどのように組み合わせるかという情報を与える必要がある。そのような情報は**二分木**（binary tree）というデータ構造によって表現できる。**図 4.10** は六つの円柱を基本立体として使い，集合演算によって二つのパイプをたがいに貫通させた形状モデルの例である。記号 $A \sim F$ は六つの円柱を表す。図（a）はこの二分木に基づいて記述したもの，図（b）は二分木を視覚化したもの，図（c）はこの形状モデルの二分木の集合演算式，図

```
difference {
  union {
    union {
      cylinder { <-10, 0, 0>, <10, 0, 0>, 4 } // A
      cylinder { <8, 0, 0>, <10, 0, 0>, 5 }    // B
    }
    union {
      cylinder { <0, -10, 0>, <0, 10, 0>, 4 } // C
      cylinder { <0, 8, 0>, <0, 10, 0>, 5 }   // D
    }
  }
  union {
    cylinder { <-11, 0, 0>, <11, 0, 0>, 3 }   // E
    cylinder { <0, -11, 0>, <0, 11, 0>, 3 }   // F
  }
  pigment { color red 1 green 1 blue 1 }
}
```

（a） 二分木構造の記述

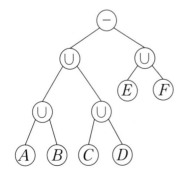

（b） 二分木構造の視覚化

$$\{(A \cup B) \cup (C \cup D)\} - (E \cup F)$$

（c） 二分木構造の集合演算式

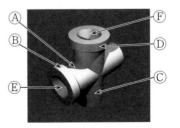

（d） 表示結果

図 4.10 二分木構造による形状モデルの CSG 表現例

（d）はこの記述に基づいて POV-Ray により表示した結果である[†]。

図のような形状モデルは，一見すると $(A\cup B)-E$ というパイプの形状モデルを作り，$(C\cup D)-F$ という別のパイプとの和集合を作るのが自然に思える。しかし，最後の和集合では A の立体が F の穴をふさいでしまう（C も E の穴をふさいでしまう）。このような不具合を避け，穴を貫通させるために差集合が最後に行われるように工夫している（図（a））。このように集合演算では演算の順番に注意を払う必要がある。

集合演算のうち，積集合と差集合の結果は形状モデルを別の形状モデルで切り取った面を表現することになる。これを正しく CG 表示するためには，4.1.4 項で示した断面表示と同様，形状のかたまりの内外区別がつく必要がある。実際，ある対象形状に対する断面表示は，別の形状モデル（大きな平面をその構成面に含むもの）を引き算した差集合の表示結果と考えることもできる。

このように，集合演算を行うためにはソリッドモデルが必須であることがわかる。なお，実際に CSG 表現されたソリッドモデルを入力とし，集合演算結果を表示する CG アルゴリズムは古くから考案されており，各種 CG ソフトで実現されている。そのような表示アルゴリズムの中身については本書では省略する。

4.1.6 CSG 表現における同一平面の扱い

CSG 表現における実務的な注意点として，集合演算対象の二つの立体における面同士の関係がある。例えば差集合において，引かれるほうの形状のある面と引く方の形状のある面とが，まったく同じ平面上に載っている場合，表示に不具合が起きることがある。この例を**図 4.11** に示す。

このような同一平面の不具合は積集合や和集合でも起こり得る。積集合で

[†] 図4.10（c）では二分木を忠実に記述したが，POV-Ray では演算対象を二つに限定しておらず，この例では $A\sim D$ の四つを連続して並べて $(A\cup B\cup C\cup D)-(E\cup F)$ という式に基づく記述も可能である。

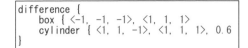

```
difference {
    box { <-1, -1, -1>, <1, 1, 1>
    cylinder { <1, 1, -1>, <1, 1, 1>, 0.6
}
```

（a）　記述例

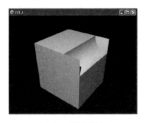

$$B - C$$

（b）　演算式　　　　　　　　　　　　　（c）　表示結果

図 4.11　差集合の対象形状が同一平面上にある面を
それぞれ持つ場合の不具合例

は，本来交わらないはずなのに薄い平面が出現する危険性がある。和集合では
本来すき間ができないはずなのに薄いすき間が生じる危険性がある。

　原因は，コンピュータ上では有限桁の数値しか扱えないためである。3 頂点
によって定まる平面が同一でも，座標変換などの計算結果によってほぼ確実に
誤差が生じる。

　これら不具合の回避には，モデリング作業運用者による対処とシステム側で
の回避機能による対処との二つの手段がある。

　前者は，演算対象形状の一方をごくわずかだけ膨張させたり収縮させたりす
る，いわばやや場当たり的な措置である。しかし，モデリング作業者による簡
便な対処法であるため，実務上使われる場合が多い。この対処例を図 4.12 に
示す。

　後者の代表例は，補助情報としてトポロジー（topology, 接続情報）を付加

```
difference {
    box { <-1, -1, -1>, <1, 1, 1>
    cylinder { <1, 1, -1.001>, <1, 1, 1.001>, 0.6
}
```

（a）　記述例

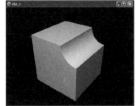

$$B - C'$$

（b）　演算式　　　　　　　　　　　　　（c）　表示結果

図 4.12　わずかに平面をずらすことによる不具合対処例

できるようにするシステム側の措置である。具体的には，異なる形状の一部の
面同士が同一平面上にあるという指定を，モデリング作業者が明示できるよう
にする措置である。この指定情報を例えばCG表示ソフトが活用できれば，本
来存在しない面が出現するような不具合を完全に回避できる。工業デザインで
部品の形状モデリングを行う場合はトポロジーを付加することは必須とされ
る。

　二つの面番号を指定するだけなので，形状モデル内のトポロジーの追加情報
量はごくわずかである。一方で，同一平面指定を行う形状モデリング作業者の
負担は少し増えることになる。

4.1.7　ソリッドモデルの境界表現

　境界表現は，4.1.3項〔2〕で述べたサーフェスモデルと同様に，頂点座標
（ジオメトリー）を列挙しその接続関係を情報として記述する表現法である。
サーフェスモデルが面の情報しか持たないのに対し，境界表現は，頂点・稜
線・面・立体の完全な接続関係（トポロジー）を持ちソリッドモデルが記述で
きる。さらに境界表現は，形状の変形に対応して頂点や稜線や面を生成・削除
する操作が可能である。

　このように形状を自在に変形できることから，複雑な表面形状のモデリング
を行うCGソフトやCADソフトでは境界表現を採用している。

　本項は，単純な境界表現の例を紹介し，読者がその基本概念を理解すること
を目的とする。実際に大規模な形状モデルを効率よく扱うデータ構造（ウィン
グド・エッジ）や，幾何データの生成・削除を伴う変形操作（オイラー操作）
は，境界表現の重要な特徴であるが，本書では省略する。

　これまで例として用いた四角錐の形状モデルに対して，その境界表現の表記
例を**図4.13**に示す。

　図(a)は，obj形式に似せた形でのテキスト形式での表現例である。稜線
（エッジ）を示すeはobj形式には存在しないものである。面を示すfはobj
形式と異なり，エッジ番号を指定する形式にしている。立体のかたまり（solid）

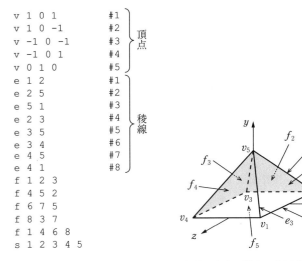

```
v 1 0 1        #1  ┐
v 1 0 -1       #2  │
v -1 0 -1      #3  ├ 頂点
v -1 0 1       #4  │
v 0 1 0        #5  ┘
e 1 2          #1  ┐
e 2 5          #2  │
e 5 1          #3  │
e 2 3          #4  ├ 稜線
e 3 5          #5  │
e 3 4          #6  │
e 4 5          #7  │
e 4 1          #8  ┘
f 1 2 3
f 4 5 2
f 6 7 5
f 8 3 7
f 1 4 6 8
s 1 2 3 4 5
```

（a）　境界表現のテキスト　　　（b）　中身の詰まった四角錐の
　　　　表記例　　　　　　　　　　　　 形状モデル

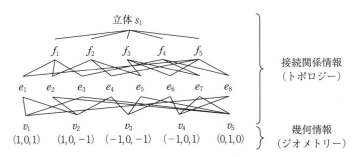

（c）　四角錐の形状モデルのトポロジーとジオメトリー

図4.13　境界表現の簡単なテキスト表記例

を示すsもobj形式にはないものである。立体を構成するのは面で，sの後に
くるのはfで指定した面の番号である。

　図（b）は対象の形状である。図（c）は，頂点・稜線・面・立体を順次番号で
つないでいる様子を示すダイアグラムである。形状要素の接続関係の情報はト
ポロジー（位相）と呼ばれる。これに対して，空間内の頂点位置座標情報はジ
オメトリー（幾何情報）と呼ばれる。境界表現はこのようなジオメトリーとト

ポロジーとの組合せにより一つのソリッドモデルを表現する。

4.1.8　形状作成効率化のための表現

　ここまで，ソリッドモデルの表現方法の例として二つの代表例をあげた。す
なわち，4.1.4項で述べたような，基本立体（プリミティブ）を集合演算で組
み合わせる方法，および，4.1.7項で述べた境界表現による方法である。

　基本立体は幾何学的に単純な形状（球，円柱，円錐，直方体など）であるた
め，集合演算は，複雑な表面形状や一見単純に見えても微妙な変化を持つ形状
（卵型のようなものなど）を表すのには不向きである。

　一方，境界表現は複雑な変化を持つ表面形状を自在に表現できるが，モデリ
ング作業は非常に難しく，熟練が必要である。なるべく簡単な作業である程度
複雑な形状を作成するための代表的な手法を二つ紹介する。

　〔1〕　**スイープ表現**　　**スイープ表現**（sweep representation）は，モデリ
ング作業者が2次元平面上（画面上）に輪郭線を描き，その輪郭を3次元空間
内で移動させたり回転させたりすることにより，その軌跡を表面形状とみなす
手法である。この手法により，細部の表面は滑らかだが全体を見ると変化を持
つ形状が生成できる。最終的に所望の形状をデザインするためには，境界表現
に変換して細部に変形を施したり，ほかの形状との集合演算を行ったりするこ
とになる。

　〔2〕　**ハイトフィールド**　　**ハイトフィールド**（height field）は，モデリン
グ作業者が画面上に濃淡の模様を描き，その濃淡の値を3次元方向（画面と垂
直な方向）の高さとみなすことにより細かいメッシュ（網目状）の表面形状を
表現する手法である。画面上の一定の領域をすべて塗りつぶして濃淡を指定す
る必要がある。この手法により，細部の凹凸が激しい形状を自在に作成でき
る。モデリング作業者は，自分の描く濃淡と網目状の各点の高さとの関係を直
感的に対応付けることに習熟する必要がある。

　ハイトフィールドは地面の凹凸のような形状の生成に向いている。さらに，
単純な幾何学的形状やスイープ表現で作った滑らかな表面の立体形状にハイト

フィールドを適用することにより，全体も細部も変化に富んだ形状が作成できる。

　ハイトフィールドは，網目状の面がもとになっているため，ソリッドモデルよりもサーフェスモデルとして利用される場合がほとんどである。また，濃淡を描く段階で細かい形状まで制御できることから，形状修正の試行錯誤も濃淡作画のし直しによって実行できる。その際，網目状のトポロジーは不変で，各頂点の z 座標のジオメトリーだけが変化する。そのため，トポロジー変化を伴う変形操作は不要である。

4.2　曲線と曲面

　本節では，滑らかな形状を表現するための重要な技術である曲線や曲面について述べる。4.1節で述べた形状モデルは，頂点を直線的に結ぶことを前提としていた。CG で曲線や曲面の形状データを表現するには，前提として暗黙のうちに数式を使う。どんな式を使うかによって曲線・曲面の種類が決まり，その種類の数は何十にも及ぶ。

　また，数式をどう使って形状データに結び付けるかによって，曲線・曲面は大まかに分類できる。本書ではそのうちパラメトリック曲線について説明し，もっとも基本的なパラメトリック曲線であるベジエ曲線を少し詳しく解説する。その後，ベジエ曲線の拡張形の曲線について簡単に述べる。曲面については，曲線を3次元目の方向に別の曲線に沿ってスイープした表現であるという概念を説明するにとどめる。

4.2.1　パラメトリック曲線

　xy 座標上の曲線の数学的表現は，陽関数形式・陰関数形式・パラメータ形式に分類できる。陽関数形式は $y=x^2$ あるいは $y=\sin x+\cos x$ のように y 座標の値を1価関数 f を用いて $y=f(x)$ によって表現する形式である。陰関数形式は $x^2-y=0$ のように2変数1価関数 f を用いて $f(x,y)=0$ によって表現す

る形式である。

パラメータ形式は変数 x, y とは別に**媒介変数（パラメータ）**t を利用して

$$\begin{cases} x = f(t) \\ y = g(t) \end{cases} \tag{4.1}$$

のように xy 両座標の値を，それぞれ関数 f および g を用いて表記することにより，曲線を表現する形式である。例えば，最も簡単な放物線（陽関数形式で $y = x^2$ により表現されるもの）は

$$\begin{cases} x(t) = t \\ y(t) = t^2 \end{cases} \tag{4.2}$$

と表現できる。また，原点を中心として半径 1 の円（陰関数形式で $x^2 + y^2 = 1$ により表現されるもの）は

$$\begin{cases} x(\theta) = \cos \theta \\ y(\theta) = \sin \theta \end{cases} \tag{4.3}$$

と表現できる。この場合のパラメータは θ を用いている。

このように，パラメータ形式により表現された曲線を**パラメトリック曲線**（parametric curve）と呼ぶ。パラメトリック曲線は，CG で曲線を表現する際に最も頻繁に利用される形式である。描画処理が簡単であることがその理由である。

パラメータに値を代入すれば曲線上の任意の点 (x, y) を容易に求めることができる。一定範囲内を細かく刻んで標本化したパラメータ t に対して計算した $(x(t), y(t))$ を順番に線分でつないでいくことにより近似した曲線を描画できる。

例えば，t の値を 0, 0.2, 0.4, 0.6, 0.8, 1 のように 6 個与えた場合，式（4.2）の曲線の近似は，6 個の標本点 $(0, 0)$，$(0.2, 0.04)$，$(0.4, 0.16)$，$(0.6, 0.36)$，$(0.8, 0.64)$，$(1, 1)$（以降頂点とも呼ぶ）を順番に結んだ折れ線となる。頂点の数が 3 個，6 個，11 個の場合の式（4.2）の曲線（すなわち $y = x^2$）の描画結果をそれぞれ**図 4.14**（a）〜（c）に示す。図（d）は 11 個の頂点で，頂点の印を省略した例である。

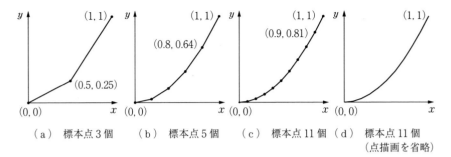

図**4.14**　簡単なパラメトリック曲線（$x(t) = t$；$y(t) = t^2$）の近似表現例

　図（d）からわかるように，頂点が 10 個程度の折れ線でも曲線らしく見える。実際，曲線は多数の頂点をつなぐ線分として描画される。どのぐらい多数の頂点を使うかは利用者が設定する場合もあるが，現実には，十分曲線に見えるような標本点数をシステム側が設定することが多い。このように曲線（曲面）を近似する多数の標本点を求め，一連の線分（三角形や四角形）を得る処理は**テセレーション**（tessellation）と呼ばれる。

　以降，パラメトリック曲線の代表例であるベジエ曲線について説明する。CG 描画では，テセレーション処理によって上記のように多数の頂点を結ぶ線分で代替して曲線を描画することを念頭に置いてほしい。

4.2.2　ベジエ曲線の概要

　本書では最も基本的な曲線として利用される**ベジエ曲線**（Bézier curve）を題材とする。ベジエ曲線は，数学的表現としてもシンプルで曲線理論の教育でも基本的な曲線に位置付けられる。加えて，簡単な曲線を描く場合の使いやすさから，Adobe Illustrator などの曲線描画機能としても採用されている。

　本節では，以降ベジエ曲線の幾何学的な基本性質について 4.2.3 項で述べ，数式でどう表されるかを 4.2.4 項で論じる。

　ベジエ曲線には弱点もある。例えば，長い複雑な曲線を描くのには向かない。しかし，そのような弱点の多くは，ベジエ曲線を拡張することによって克服できる。ベジエ曲線の拡張の一つの完成形にいたるまでの大まかな過程は

4.2.5項で説明する。

さらに，曲線から曲面への拡張について4.2.6項で説明する。曲面は，CGの形状モデル表現として，映像制作だけでなく工業製品などのモデリングでも利用される。本書では曲面の詳細については述べず，数学的に非常に単純な曲線の拡張であることを示すと同時に，性質も曲線の場合と同様であることを示すにとどめる。

4.2.3　ベジエ曲線の幾何学的性質

ここでは，3次のベジエ曲線を用いて，その形状の基本性質について述べる。一つの3次ベジエ曲線は，**図4.15**(b)にに示すような四つの**制御点**（control point）P_0, P_1, P_2, P_3 によって定義される。

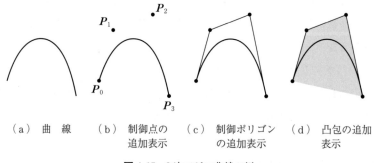

（a）　曲　線　　　（b）　制御点の　　　（c）　制御ポリゴン　　　（d）　凸包の追加
　　　　　　　　　　　　　追加表示　　　　　　　の追加表示　　　　　　表示

図4.15　3次ベジエ曲線の例

ベジエ曲線は，順番に与えた複数個の制御点の位置によって曲線を決定する，ということが大前提となる。4個の制御点を与えた場合は3次式で表現されるパラメトリック曲線（3次ベジエ曲線）となる。一般に N 次のベジエ曲線は（$N+1$）個の制御点 $P_0, P_1, P_2, \cdots, P_N$ によって定義する。実務的には3次ベジエ曲線が最もよく使われる。

ベジエ曲線のおもな幾何学的性質は以下の点をあげることができる。

（1）　最初（最後）の制御点と曲線の始点（終点）が一致する（端点一致）。

（2）　最初とつぎ（最後とその前）を結ぶ線分の向きと曲線の始点（終点）

における向きが同じになる（端点接線一致）。

（3）　変動減少性があり，次数が高いほど顕著になる。

（4）　制御点が構成する凸包に曲線が完全に含まれる。

（5）　曲線全体のアフィン変換と，各制御点をアフィン変換した制御点によって定義される曲線が一致する（アフィン不変性）。

（6）　1制御点を移動すると曲線全体に変形が及ぶ（局所性の欠如）。

　端点一致および端点接線一致は，ベジエ曲線をデザインするのに扱いやすい性質である。実際 Adobe Illustrator ではこれら（1），（2）の性質を利用したユーザインタフェースを用意している（**図4.16**(a)）。

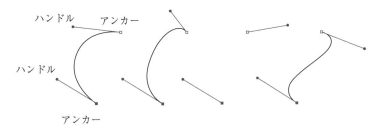

（a）　一つのベジエ曲線をハンドルの移動により変化させる例

（b）　複数のベジエ曲線を滑らかに接続する例

図4.16　Adobe Illustrator を用いたベジエ曲線のデザイン例

　加えて，二つのベジエ曲線を滑らかに接続する場合にも扱いやすい。一方の最後の制御点と他方の最初の制御点を一致させ，その点を挟む制御ポリゴンの線分の向きも一致させればよいからである（図(b)）。

　変動減少性（variation diminishing property）とは，制御点を順番に結んだ線分（制御ポリゴン）を作ったとき，制御ポリゴンの形に比べて曲線の形の変化が小さいという性質である。制御点が順番に場所を変える変動よりも，点が曲線上を始点から終点に向かう変動が小さいということである。変動減少性は

曲線の次数が高いほど極端になる。

　見方を変えると，変動の大きい曲線をデザインしたい場合，設定すべき制御点はもっと大きな範囲で変動させる必要がある。次数が多い曲線の場合は理不尽なほど極端に広い範囲に制御点を置く必要に迫られ，使い勝手が悪い。このため4次以上のベジエ曲線は実際のデザインで使われることがほとんどない。代わりに3次ベジエ曲線を複数接続してデザインするのが一般的である。

　図 4.17 は，それぞれ同じぐらいの変動幅の単純な波型曲線を異なる次数のベジエ曲線で描いた例である。制御ポリゴンを描いているので制御点の位置もわかる。次数が大きいほど変動減少性が顕著に現れることが見てとれる。

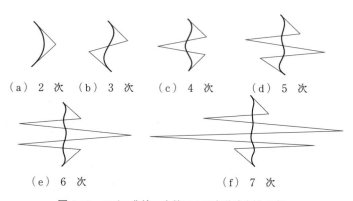

(a) 2 次　(b) 3 次　(c) 4 次　(d) 5 次

(e) 6 次　　　　　(f) 7 次

図 4.17　ベジエ曲線の次数による変動減少性の違い

　凸包（とつほう）（convex hull）とは，複数の点を与えたとき，すべての点を含む最小の凸多角形（各頂点での内角が 180° を超えない，へこみのない多角形）として定義され，必ず一つに定まるものである。

　例えると，壁にたくさんのクギを打ち付けた後，ひもでクギ全体を囲んできつく縛ったときにできる形が凸包である。ベジエ曲線が凸包に含まれることが保証される性質は，コンピュータによる曲線の交点計算やほかの図形との干渉判定の際に，曲線を多角形で代替して計算するために利用される。4.2.5 項ではその一例を示す。

　ベジエ曲線の欠点として局所性の欠如があげられる。曲線の**局所性**とは，一

部を変形した際に，曲線の一定範囲だけが変形するという性質である。その範囲以外の部分は絶対に形状が変化しないことが保証される。形状のデザインは少しずつ改良していくことが一般的であるため，局所性は曲線デザインの観点で便利な性質である。しかし，ベジエ曲線は一部を変形しようとして制御点を移動すると，その制御点から離れた部分もわずかながら必ず変形してしまう。

　イラスト作成のような簡易的な曲線デザインでは，前述のように複数のベジエ曲線を接続することが一般的である。接続が滑らかになるようにデザイナーが手作業で制御点を調整する。この部分を自動化するように工夫した曲線形式の一つがBスプライン曲線で，4.2.6項で簡単に触れる。

4.2.4　ベジエ曲線の数学的表現

　ベジエ曲線はパラメトリック曲線である。パラメータを t とすると，平面上の3次ベジエ曲線 $\begin{pmatrix} x(t) \\ y(t) \end{pmatrix}$（ただし，$0 \leqq t \leqq 1$）はつぎのようになる。

$$\begin{cases} x(t) = (1-t)^3 x_0 + 3t(1-t)^2 x_1 + 3t^2(1-t) x_2 + t^3 x_3 \\ y(t) = (1-t)^3 y_0 + 3t(1-t)^2 y_1 + 3t^2(1-t) y_2 + t^3 y_3 \end{cases} \quad (4.4)$$

ここで，$\begin{pmatrix} x_0 \\ y_0 \end{pmatrix}, \begin{pmatrix} x_1 \\ y_1 \end{pmatrix}, \begin{pmatrix} x_2 \\ y_2 \end{pmatrix}, \begin{pmatrix} x_3 \\ y_3 \end{pmatrix}$ の4点は与えられた制御点である。パラメータ t の範囲は $[0, 1]$ に限定される。式の t に簡単な値を代入すると，$t=0$ のときの始点 $\begin{pmatrix} x(0) \\ y(0) \end{pmatrix}$ は最初の制御点 $\begin{pmatrix} x_0 \\ y_0 \end{pmatrix}$ と等しくなり，$t=1$ のときの終点 $\begin{pmatrix} x(1) \\ y(1) \end{pmatrix}$ は最後の制御点 $\begin{pmatrix} x_3 \\ y_3 \end{pmatrix}$ に等しくなる。明らかに前項で述べた端点一致が成り立つことがわかる。

　ベクトル表記を使うと3次ベジエ曲線 $\boldsymbol{P}(t)$ はより簡潔に次式で表せる。

$$\boldsymbol{P}(t) = B_0^3(t)\boldsymbol{P}_0 + B_1^3(t)\boldsymbol{P}_1 + B_2^3(t)\boldsymbol{P}_2 + B_3^3(t)\boldsymbol{P}_3 = \sum_{i=0}^{3} B_i^3(t)\boldsymbol{P}_i \quad (4.5)$$

ここで，4点 $\boldsymbol{P}_0, \boldsymbol{P}_1, \boldsymbol{P}_2, \boldsymbol{P}_3$ は制御点である。t の四つの関数 $B_0^3(t) \sim B_3^3(t)$ は

3次バーンスタイン基底関数（Bernstein basis polynomials of degree 3）と呼ばれ，式(4.4)からもわかるようにつぎのように定義される。

$$\begin{cases} B_0^3(t) \equiv (1-t)^3 \\ B_1^3(t) \equiv 3t(1-t)^2 \\ B_2^3(t) \equiv 3t^2(1-t) \\ B_3^3(t) \equiv t^3 \end{cases} \tag{4.6}$$

これらの基底関数は $0 \leq t \leq 1$ の範囲では必ず $0 \leq B_0^3(t),\ B_1^3(t),\ B_2^3(t) \leq 1$ となる。式（4.5）を見ると，基底関数は制御点に与える重みであり，曲線上の点 $\boldsymbol{P}(t)$ は4制御点の重みつき平均で計算されることがわかる。

図4.18 は3次バーンスタイン基底関数のグラフを描いたものである。

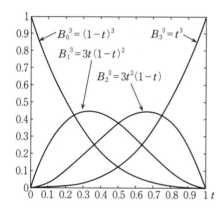

図4.18　3次バーンスタイン基底関数のグラフ（$0 \leq t \leq 1$）

言葉を替えると，バーンスタイン基底関数を重みとする制御点の平均位置が，$0 \leq t \leq 1$ に対して変化する重みに従って移動した軌跡がベジエ曲線であると言える。一般に N 次のベジエ曲線はつぎのように表現できる。

$$\begin{cases} \boldsymbol{P}(t) = \displaystyle\sum_{i=0}^{N} B_i^N(t)\boldsymbol{P}_i \\ B_i^N(t) \equiv \dbinom{N}{i} t^i (1-t)^{N-i} = \dfrac{N!}{i!(N-i)!} t^i (1-t)^{N-i} \end{cases} \tag{4.7}$$

N 次のバーンスタイン基底関数 $B_i^N(t)$ は，二項展開 $(x+y)^N$ において x を

$(1-t)$ に置き換え，y を t に置き換えた場合の $t^i(1-t)^{N-i}$ の項となる。3 次以外のバーンスタイン基底関数のグラフを**図4.19**に示す。それぞれのグラフについて，すべての基底関数（制御点に与える重みの値）を足すと，$0 \leqq t \leqq 1$ のどの t についても必ず 1 となる。

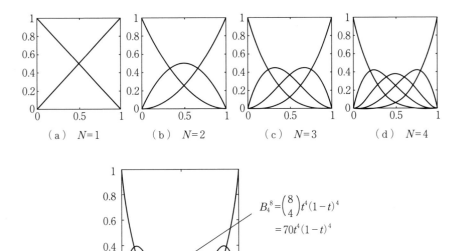

（a） $N=1$ 　（b） $N=2$ 　（c） $N=3$ 　（d） $N=4$

$$B_4^8 = \binom{8}{4} t^4(1-t)^4$$
$$= 70t^4(1-t)^4$$

（e） $N=8$

図4.19 N 次バーンスタイン基底関数のグラフ（$0 \leqq t \leqq 1$）

4.2.5 ベジエ曲線の分割

一つのベジエ曲線は，$0 < t_D < 1$ の任意の値 t_D を境に分割できる。言い方を変えると，その曲線のうち $0 \leqq t \leqq t_D$ および $t_D \leqq t \leqq 1$ の二つの区間は，それぞれがまた別のベジエ曲線となる，ということである。

分割は，隣接制御点間を $t_D : (1-t_D)$ の割合で分ける分割点を求めることを繰り返すことで行う。**図4.20**は $t_D = 1/3$ の場合の分割過程を示す。分割点を新たな制御点のようにみなして分割を繰り返す。最終的に求まった 1 点の分割点はもとの曲線上に接する点になることが保証される。この最終分割点はもと

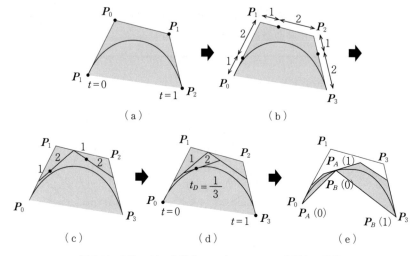

図4.20 3次ベジエ曲線を $t=1/3$ で $1:2$ に分割する過程

の曲線 $P(t)$ 上の点 $P(t_D)$ すなわち $P(1/3)$ である。また，最終分割点は，分割後の二つのベジエ曲線 $P_A(t)$，$P_B(t)$ の終点 $P_A(1)$ および始点 $P_B(0)$ となる。

分割を繰り返し実行すると，多数のいくらでも短いベジエ曲線に分割できることになる。このときの短いベジエ曲線は線分に限りなく近づく。この性質を利用する便利な機能がいくつかある。単純な例として，十分短い線分まで分割すれば，線分描画の繰返しによってベジエ曲線の描画ができる。4.2.1項で述べた標本化による描画とは別の手段ということになる。

分割と凸包の性質とを組み合わせることにより，衝突判定あるいは干渉チェックが実現できる。前提として，二つの凸四辺形同士，または三角形同士，または凸四辺形と三角形とが交わらない保証があるか否か，という交差判定ができるものとする。この交差判定アルゴリズムは説明を省略するが，そう難しいものではない。

図4.21 は，二つの3次ベジエ曲線の交点計算を行う過程の例である。

まず，与えられた二つのベジエ曲線の制御点からそれぞれの凸包を求める。つぎに，この二つの凸包の交差判定を行う。この二つが交わらないことが判定されればその時点で処理は終了で，答えは「交点なし」ということになる。逆

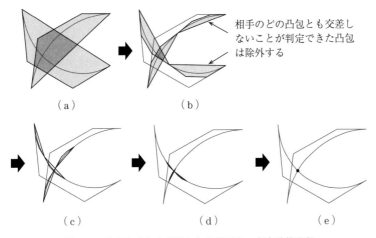

相手のどの凸包とも交差しないことが判定できた凸包は除外する

（a）　　　　　（b）

（c）　　　　　（d）　　　　　（e）

図 4.21　分割と凸包を利用した曲線同士の交点計算過程

に，交わらない保証が得られない場合は，それぞれのベジエ曲線を 2 分割する。各凸包と相手の曲線の各凸包との交差判定を行う。相手のいずれの凸包とも交差しないことがわかったら，その凸包は以降除外してよいことになる。除外できない凸包が残ったら，その凸包に対応するベジエ曲線をさらに 2 分割する。

　この過程を繰り返していくと，最終的には非常に小さい領域内にある二つの凸包に収束する。その微小領域が実用上十分小さければ交点が求められたとみなしてよいことになる。

4.2.6　ベジエ曲線の拡張としての B スプライン曲線

　実務上ベジエ曲線を利用する場合は 3 次ベジエ曲線を用いる。変動の少ない形状，せいぜい S 字型程度の変動であれば，一つの 3 次ベジエ曲線でこと足りる。一方で，何回も変動する複雑な曲線は複数の 3 次ベジエ曲線を連結してデザインする。

　二つの隣接するベジエ曲線の連結点で途切れたり折れて角ができたりすることはデザイン上避けなければならない。すなわち連続性を保つ必要がある。数学的には，途切れがなく端点同士が連結点で一致する最低限の連結は C^0 連続

性と呼ばれる。連結点で折れがなく接線の傾きが一致する連結は C^1 連続性と呼ばれる。

デザイナーが手作業で連結する場合はせいぜい C^1 連続性が限度である。一般に一つの曲線とみなすことができるくらいの連結では C^2 連続性が必要と言われる。幾何学的には連結点での両曲線の曲率の値も一致する連続性である。これは手作業では困難である。

複数のベジエ曲線を C^2 連続で自動的に連結した曲線として **B スプライン曲線**（B-spline curve）がある。3次であっても制御点を多数設定し，その分基底関数が増えていくことになる。基底関数として，ベジエ曲線のバーンスタイン基底関数の代わりに B スプライン基底関数を用いる。数式などの詳細は割愛する。

図 4.22 は3次 B スプライン基底関数の例である。各制御点 $P_0 \sim P_6$ に対する各基底関数はグラフの形が同じになる。このような場合，一様 B スプライン基底関数と言い，そうでない場合は非一様 B スプライン基底関数と言う。本書では非一様 B スプラインについての説明は割愛する。

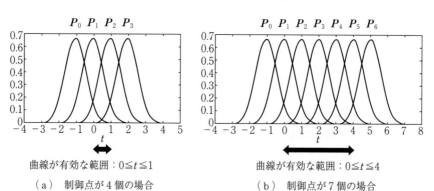

（a） 制御点が4個の場合   （b） 制御点が7個の場合

図 4.22 3次の B スプライン基底関数の例

図 4.23 は，図 4.22 に示す3次の一様 B スプライン基底関数を用い，制御点を4点から順次追加して7点指定して作成した曲線である。図（a）は4点の制御点の場合で，t パラメータが $[0, 1]$ となる範囲だけが曲線として有効な部分

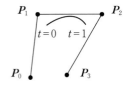

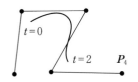

（a）　最少の制御点による曲線　　　　　（b）　制御点 P_4 を追加

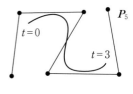

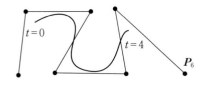

（c）　制御点 P_5 を追加　　　　　　　（d）　制御点 P_6 を追加

図 4.23　3 次の一様 B スプライン曲線の例

となる。制御点 P_0 の重み（基底関数）は $t=0$ 付近では値が小さい（0.2 以下）であるが 0 にはなっていない。図（a）で P_0 は曲線から離れているが，P_0 も曲線の形状には寄与していることになる。

　図（d）に示すように，B スプライン曲線は，制御点を多数使用することで，長くて変動の多い曲線をデザインできる。図（d）の曲線の基底関数は図 4.22（b）のようになっており，曲線が有効な t パラメータの範囲は $[0,4]$ であることがわかる。

　有効な範囲内では任意の t の値に着目すると，4 個続いた制御点の基底関数が 0 以上でそれ以外の制御点の基底関数は 0 である。すなわち，長い曲線で多数の制御点がある場合は，制御点を動かしても一定範囲にしか影響が及ばないことを示す。このことは曲線の**局所性**（local support property）と呼ばれ，B スプライン曲線の重要な性質である。デザイナーが曲線を編集する場合，一定範囲以外は絶対に変わらないというのは実務的に非常にやりやすいということになる。

　図 4.24 は，B スプライン曲線の編集に対する局所性を示す図である。図（a）はもとの B スプライン曲線である。図（b）を見ると，B スプライン曲線はじ

（a） 3次Bスプライン　　（b） 複数の3次ベジエ　　（c） 局所性の説明（1制
　　　曲線とその制御点　　　　　曲線との一致　　　　　　御点を動かしても不変
　　　　　　　　　　　　　　　　　　　　　　　　　　　　　な部分曲線）

図4.24 Bスプライン曲線の1制御点の移動による変形

つはベジエ曲線の連結としても表現できることがわかる。隣接ベジエ曲線の連
結点で確かに連続性があることがわかる。図（c）は一つの制御点を太い矢印の
向きに移動した後のBスプライン曲線である。ベジエ曲線に分解して各ベジ
エ曲線の制御点（白い丸）を観察すると，制御点移動によるBスプライン曲
線の変形箇所が一部分の範囲に限られることがわかる。その範囲以外の部分
（白い矢印）では曲線の形状はまったく変形していない。

4.2.7　曲線から曲面への拡張

　本項では曲線から曲面への拡張について最小限の要点だけに絞って述べる。
数式としての拡張を3次ベジエ曲線（双3次ベジエ曲面）について示し，曲面
の構成原理を説明する。

　ここで重要なのは，4.2節のここまで（4.2.1～4.2.6項），ベジエ曲線とB
スプライン曲線について述べたさまざまな性質や機能は，曲面についても同様
のことが成立するという事実である。このことを念頭に置いて本項を読み進め
てほしい。

　3次ベジエ曲線の拡張は**双3次ベジエ曲面**（bicubic Beziér surface）である。
「双」という単語がつくのはパラメータ（曲線の場合はt）を二つ（u, vあるい
はs, tと表記する）使うためである。3次ベジエ曲線の制御点が4個であるの
に対し双3次ベジエ曲面は16個の制御点を設定する。これらは4×4に配列さ

れており，結果的に 3×3 の接続された 9 個の四辺形の集まりを構成している。この集まりは，曲線であれば制御ポリゴンに相当するので，曲面の場合は**制御多面体**（control polyhedron）と呼ばれる。一方で，結果として定義される，四つのコーナーを持つ一つの曲面を一般に**曲面パッチ**（surface patch）と呼ぶ。

　一つの双 3 次ベジエ曲面（パッチ）はつぎのような数式により定義される。

$$P(u, v) =$$
$$B_0^3(v)\{B_0^3(u)P_{00} + B_1^3(u)P_{10} + B_2^3(u)P_{20} + B_3^3(u)P_{30}\} +$$
$$B_1^3(v)\{B_0^3(u)P_{01} + B_1^3(u)P_{11} + B_2^3(u)P_{21} + B_3^3(u)P_{31}\} +$$
$$B_2^3(v)\{B_0^3(u)P_{02} + B_1^3(u)P_{12} + B_2^3(u)P_{22} + B_3^3(u)P_{32}\} +$$
$$B_3^3(v)\{B_0^3(u)P_{03} + B_1^3(u)P_{13} + B_2^3(u)P_{23} + B_3^3(u)P_{33}\} \tag{4.8}$$

ここで，u, v はそれぞれ独立したパラメータで，曲線の場合の t に相当し，$0 \leqq u, v \leqq 1$ となる。3 次元空間上の 16 個の点 $P_{00} \sim P_{33}$ は曲面の形状を決定付ける制御点で，それぞれが x, y, z 座標からなる位置ベクトルである。式（4.8）は Σ 記号を使って表記するとつぎのようになる。

$$P(u, v) = \sum_{j=0}^{3}\left\{B_j^3(v)\sum_{i=0}^{3}B_i^3(u)P_{ij}\right\} = \sum_{i=0}^{3}\sum_{j=0}^{3}B_i^3(u)B_j^3(v)P_{ij} \tag{4.9}$$

　この式（4.9）は，3 次ベジエ曲線の式（式（4.5））とよく似ていることがわかる。上記の途中の式を眺めてみると，式（4.5）のうち P_i の部分（四制御点）を式（4.5）の右辺そのものでそれぞれ置き換えた形（パラメータ t は v で読み替えた形）になっている。

　この置換えは，四制御点が別々の四本の曲線（いずれも $0 \leqq u \leqq 1$）上をそれぞれ移動するという意味になる。このとき四制御点によって決まる 1 本の曲線（$0 \leqq v \leqq 1$）は（形状を変化させながら）u 方向に移動することになる。そのときの軌跡が曲面 $P(u, v)$ ということになる。この様子を図示したものが**図 4.25**である。

　ベジエに限らず B スプラインを含むすべてのパラメトリック曲面は，同じ基底関数のパラメトリック曲線を自然に拡張したものである。前段落の下線で示した考え方は共通である。さらに言うと，数式での表現も共通である。曲線

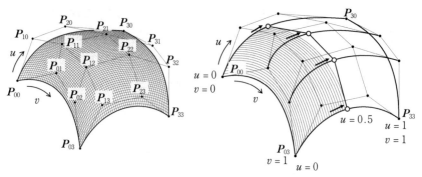

（a） 双3次ベジエ曲面とその制御点 　（b） u 方向の4本のベジエ曲線上を移動する
　　　　　　　　　　　　　　　　　　　制御点でできる v 方向のベジエ曲線の軌跡
　　　　　　　　　　　　　　　　　　　$(0 \leqq u \leqq 0.5)$

図4.25 3次ベジエ曲線と双3次ベジエ曲面との幾何学的関係

の式（4.5）（次数を一般化すると式（4.7））を曲面の式（4.9）に拡張できる，
という事実は，基底関数の式を差し替えればすべてのパラメトリック曲面につ
いて言えることである。

　また，曲線の持つ性質は同種類の曲面でも基本的には同じである。例えばベ
ジエについて考えると，4.2.3項（1）～（6）で述べたベジエ曲線の性質（端点
一致・端点接線一致・変動減少性・凸包・アフィン不変性・局所性欠如）はベ
ジエ曲面でも同様である。Bスプライン曲線は局所性を持ち，Bスプライン曲
面も局所性を持つ。

4.3　各種モデル形状表現

　ここまでの4.1，4.2節では，CGの形状モデリングで用いられる基礎的な形
状表現の概念を説明した。本節では，CGのさまざまな用途に応じた形状表現
法について代表的なものを取り上げる。それぞれについての詳細説明は本書の
範囲を超えることになる。各形状表現法の用途とその原理を中心に簡潔に解説
する。

4.3.1 ポリゴン曲面

ポリゴン曲面（polygonal surface）は，特にゲームやVR（バーチャルリアリティ）の3次元CGモデルでよく用いられる。4.1.3項の〔2〕で説明したサーフェスモデルの一実現形態だと思って構わない。

ポリゴン曲面は，名前の中に曲面という言葉が使われているが，厳密には多面体である。多数の小さな多角形（ほとんどの場合三角形）をつなぎ合わせて表面形状を形作る。十分小さな三角形を十分多く使ったポリゴン曲面は，CG表示（シェーディング表示）を行うと，パラメトリック曲面と区別がつかない。

これはある意味当然である。なぜなら，パラメトリック曲面も最終的にCG表示する際にはテセレーションによってポリゴン曲面に変換して表示されることがほとんどだからである。パラメトリック曲線の描画が結局のところ短い線分の描画を繰り返した結果であるのと同じである。

ゲームやVRはリアルタイムCGによって表示を行う。リアルタイムCGとは，1秒間に60フレーム（60 fps）以上の速さで表示処理を行うものである。表示処理を行うGPUチップは三角形表示を非常に速く実行するために高度に最適化されている。多数の三角形からなるポリゴン曲面がリアルタイムCGで使用されるのはこの理由による。

GPUが高速であっても，表示すべきポリゴン曲面モデルが膨大な数になればリアルタイムCG表示は困難になる。特に視点（カメラ）から遠い場所にポリゴン曲面モデルが映る場合を想定してみよう。そのモデルが例えば数万枚の三角形を処理した結果なのに，描画結果画像中でほんの少しの画素にしか反映しないことになる。このような小さなモデルが視点から遠方には非常に多く映り込む事態になることが多い。

このような理不尽で無駄な処理（具体的にはポリゴン頂点に対する変換や輝度計算処理）を効率化するため，ポリゴン曲面では，しばしば **LOD**（level of detail，詳細度）制御が行われる。モデリングの際に，何段階（何レベル）かの詳細度の異なるモデルを準備する。描画時には，そのフレームでの視点から

の距離に応じて適切なレベルのモデルを選んで処理する。

図 **4.26** に簡単な車のポリゴン曲面の各レベルの形状を示す。一連のリアルタイム表示の最中に形状が置き換えられると，ユーザがその変化に気づいてしまう恐れがある。あるレベルの形状が画面上で十分小さくなった状況で置き換えるように設定することにより，ユーザに気づかれないようにすることは可能である。

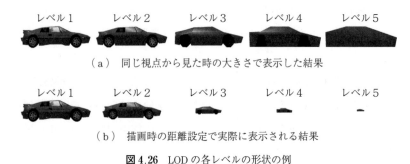

レベル 1　　レベル 2　　レベル 3　　レベル 4　　レベル 5

（a）　同じ視点から見た時の大きさで表示した結果

レベル 1　　レベル 2　　レベル 3　　レベル 4　　レベル 5

（b）　描画時の距離設定で実際に表示される結果

図 4.26　LOD の各レベルの形状の例

4.3.2　ボクセル表現

ボクセル（voxel）は，ピクセル（画素；pixel）を 3 次元の体積（volume）を持つものに拡張した概念で，1980 年代半ばに提唱された CG 分野特有の造語である。通常のディジタル画像は一定の大きさの長方形内に正方形の画素を整列配置したものである。これを素直に拡張すれば，ボクセルは，一定の大きさの直方体の 3 次元画像の中に縦横高さ方向に整列配置された小さな単位立方体ということになる。

典型的なボクセル表現は医療分野で用いられる **CT**（computed tomography）スキャンされた画像である。X 線 CT または **MRI**（磁気共鳴画像，magnetic resonance imaging）の装置により，人体内部を等間隔で多数の輪切りにした CT 画像（断層画像あるいはスライス画像）が得られる。CT 画像の各画素は（RGB の 3 成分ではなく）1 成分で，その値は輝度ではなく人体内部の各場所の硬さあるいは密度を表す。

　これらの一連の画像が例えば1 024枚得られ，それぞれのスライス画像の解像度が1 024×1 024だとする。実務的にはこのようなCT画像群をボクセルと呼ぶことはあまりないが，概念的には1 024×1 024×1 024のボクセルからなる3次元画像とみなすことができる。

　ボクセルは，このように立体内部に詰まっていて場所によって密度などが異なる材質あるいは媒質を表現するために用いられる。内部が詰まっていても材質が一様なものは，外界との境界すなわち表面形状をサーフェスモデルで表現し，内部が詰まっているとみなすソリッドモデルで表現すればこと足りる。

　ボクセル表現は，CT画像以外だと，空気中の煙や雲を表現するために使われる。ボクセル表現された物体や物質をCG描画する手法を総称してボリュームレンダリングと呼ぶ。ボリュームレンダリングには以下の諸条件によって異なる描画手法が用いられる。具体的な手法については本書では省略する。

（1）　応用分野の違い（描画目的の違い）

（2）　対象となる物体や物質の種類

（3）　対象となる物体や物質のデータ分布の特徴（粗密）

　ボリュームレンダリング結果の例を**図4.27**に示す。図（a）は，人体のCT画像から頭蓋骨部分をレイキャスティングという手法により半透明描画した結果である。図（b）は，ボクセル表現で作成した大気中の雲の密度を入力データとし，経路追跡と呼ばれる手法により描画した結果である。ただし，地形の

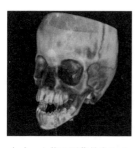 

（a）　人体の頭蓋骨をレイ
　　　キャスティングにより
　　　描画した結果

（b）　経路追跡による雲の描画結果
　　　〔提供：東京大学大学院　旧西田友是研究室〕

図4.27　ボリュームレンダリングの例（口絵9参照）

形状についてはポリゴン曲面を使用している。

4.3.3 フラクタル

フラクタル（fractal）は，自然界で見られる不規則な形状を生成したり表現したりする際に使用される概念で，ボクセルと同様に CG 分野特有の造語である。1981 年にブノワ・マンデルブロー（Benoît Mandelbrot）によって提唱された。

一般に，不規則で変化に富んだ形状は，ポリゴン曲面で表現すると膨大な数の小さな三角形を用意する必要がある。例えば，山岳や海岸線の形状がそれにあたる。このような形状を細部まで人手によりモデリングする作業は，手間が掛かるだけでなく，結果の形状を人工的でなく見せる工夫が必要で，困難をきわめる。

正確に形状が定まっていなくても，自然物らしい見え方の形を作るためにフラクタルが用いられる。形状モデリングにあたっては，簡単な初期形状を与え，生成規則にしたがって形状を繰り返し変化させ，結果として細部にいたるまで自然物に見える形状をコンピュータプログラムに自動生成させる。

最も簡単なフラクタル図形の例の一つとして**コッホ曲線**（Koch curve）があげられる。**図 4.28**(a)はコッホ曲線の初期形状と繰返しの変化の結果である。コッホ曲線の生成規則は，線分 1 本を山型に連ねた 4 本の折れ線で置き換える，というものである。

図(b)は，**中点変位法**（midpoint displacement method）と呼ばれるフラクタル図形生成法の実行例である。生成規則は，線分 1 本に対してその中点を求め，線分に垂直な方向に中点を移動させるというものである。移動量は基本的には乱数により設定する。図(c)は三角形に対する中点変位法により地形の 3 次元形状を生成した例である。

フラクタルの最も重要な特徴の一つとして**自己相似性**（self-similarity）がある。自己相似性とは，全体の大まかな形と一部を拡大した形とが同一または類似であるという性質である。

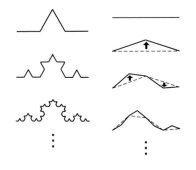 

（ a ）　コッホ曲線　（ b ）　中点変位法　　（ c ）　中点変位法による山の形状の生成
〔提供：宮田一乗（北陸先端科学技術
大学院大学）〕

図 4.28　*フラクタル図形の例*

　シンプルな数学的規則をもとにフラクタル図形を生成する興味深い例として複素数平面上の図形として定義される**マンデルブロー集合**（Mandelbrot set）がある。複素数平面上のある点 C がマンデルブロー集合に含まれるかどうかの判定には，まず複素数の数列 z_n を，つぎの漸化式にしたがって順次計算する。

$$\begin{cases} z_0 = 0 \\ z_{n+1} = z_n^2 + C \end{cases} \tag{4.10}$$

数列 z_n が無限に発散する（$\lim_{n \to \infty} z_n = \infty$）かどうかは，複素定数 C によって決まる。マンデルブロー集合は，z_n が発散しないような C の点を，複素数平面上において慣例的に黒で表現したときの形状として定義される。

　式（4.10）で定義された数列は，もし，ある n に対して $|z_n| \geqq 2$ となる場合は，$n \to \infty$ で必ず発散することが保証される。つまりその場合の C の値に対応する点は黒以外である。マンデルブロー集合を描画する際には，$n = 0$ から繰り返したときに初めて $|z_n| \geqq 2$ になった n の値に応じてこの点の色を塗り分けるようにする。

　繰返しの回数の最大限度を決めておき，その回数まで数列を計算しても絶対値が 2 を超えない場合，点 C は黒で塗ることにする。こうすれば，最大限度

の回数を大きくすることにより，黒い領域は限りなくマンデルブロー集合に近づく。もちろんこの計算は，複素数平面上を所望の画像解像度に合わせて標本化（サンプリング）し，各標本点 C を各画素に対応させて実行する。その結果の色を画素の色として描画し，これを全画素について繰り返す。

図 4.29 はマンデルブロー集合の描画例を示す。拡大画像を見ると自己相似性が認められる。

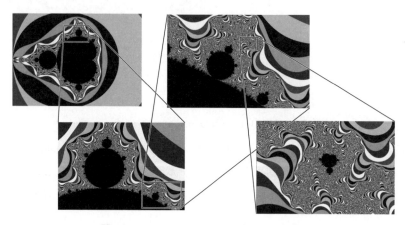

図 4.29　マンデルブロー集合（口絵 10 参照）

マンデルブロー集合を少し一般化したフラクタル図形として**ジュリア集合**（Julia set）が知られている。ジュリア集合は，複素定数 C を固定化し，初期値 z_0 を標本化して変化させ，$z_{n+1}=z_n^2+C$ を計算して発散条件 $|z_n| \geqq 2$ を判定することにより求まる。

4.3.4　メ　タ　ボ　ー　ル

メタボール（meta-ball あるいは blobby surface）は，1 個であれば球になるような形で，複数のメタボールが近づいたときには，球の表面形状が引力でおたがい引っぱられたような形をなすような性質を持つ。空間内にメタボールをおたがい近くになるように配置することにより，それらのメタボールを緩やかに囲むような曲面をデザインできる。

描画するシステム側から見ると，そのような曲面の形状は，**ポテンシャル**（potential）の計算式を使って求める。ここで言うポテンシャルは，空間内のあらゆる地点でその座標値から計算可能な何らかの数値を意味する。メタボールのポテンシャル計算式としてはメタボール中心点から各地点までの距離で決まり，距離が大きいほど値が小さくなるような数式を使う。ある地点のポテンシャル計算結果が，事前に決めた設定値（iso-value と呼ばれる）より大きければその地点は曲面内部とみなされる。設定値に等しい地点は曲面の上に乗ることになる。そのためメタボール表面の形状は**等値面**（iso-surface）と呼ばれる。

上記のようなポテンシャル計算式を踏まえれば，空間内に1個のメタボールだけがある場合に等値面は球面となることは，理解できるだろう。等ポテンシャル設定値を上げると球の半径は小さくなり，設定値を下げれば半径は大きくなる。

メタボールが複数だと各地点のポテンシャルはその分加算される（等値面設定値は変えない）。ある地点が，複数メタボールのそれぞれ1個ずつに対してはどの等値面（球面）内部にも運悪く入れなかった場合でも，複数加算すれば設定値を超える（等値面内部に入る）場合が出てくる。メタボールを2個近づけた場合，それらの間に挟まれた場所で球面がおたがい引き寄せられるように変形するのはそのためである。

図 4.30 は，2個のメタボール形状をしだいに近づけた際の形状の変化を示す。1個のメタボール i に対するポテンシャル計算式としては，次式のように中心からの距離 r の2乗をべき乗とする指数関数の逆数（ガウス関数）を用いることが多い[1]。

$$P_i(r) = \begin{cases} \exp(-ar^2) & (-r_{\text{bound}} < r < r_{\text{bound}}) \\ 0 & (上記以外) \end{cases} \tag{4.11}$$

ここで，a はガウス関数の山型の幅を調整する係数である。空間内の各位置でこのポテンシャルを対象メタボールについて加算し，等値面設定値より大きければその場所はメタボール内部とみなされる。距離 $|r|$ が範囲 r_{bound} より大き

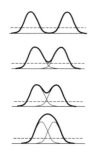 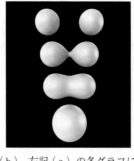 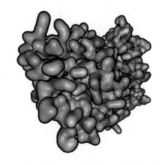

（a）　２個のメタボール
のポテンシャルの
グラフと加算結果
のグラフ（太線）。
破線はiso-valueの
設定値を示す。

（b）　左記（a）の各グラフに
対応するメタボールの表示
結果

（c）　多数のメタボールを用いた
分子モデルの表示例

図 4.30　メタボールのポテンシャルのグラフと表示結果例
〔（b），（c）画像提供：金森由博（筑波大学）〕

い場合はポテンシャルを完全に0とする。それにより描画時に計算対象となる
メタボール数を抑え，処理時間を大幅に短縮できる。

　図4.30（a），（b）ではこの２個の距離を小さくしていった場合に最終的な
メタボール形状がどうなるかを示している。図（a）のグラフ中で破線はiso-
value設定値を表す。太い線は加算結果を表す。図（c）は複数のメタボールに
より分子モデルを作成し表示した例である。

　メタボールを用いて曲面をデザインされる対象物としては，人間や動物の形
状のほか，水のような液体が動く際の表面形状が想定される。人工物のような
直線的な部分がない不規則な形状で，フラクタルほど細かい変化がなく，表面
がデコボコながら細部は滑らかな曲面で構成される物体は，メタボールでデザ
インするのに適している。

　図 4.31 は，流体シミュレーションの結果をもとに，約20 000個のメタボー
ルを使って水の表面を描画した結果である。

図 4.31　メタボールで表現された水の
形状の例〔提供：プロメテック・ソ
フトウェア株式会社〕(口絵 11 参照)

4.3.5　点 群 デ ー タ

　レーザースキャナなどの計測装置の進歩によって，実世界の物体の表面形状
を捉えてデータ化することが容易になった。**点群データ**（point cloud）は，こ
のような 3 次元計測によって得られる物体表面の多数の点の座標情報として得
られる情報である。

　点群データは実空間内の各点の xyz 座標として得られる。ただし，点同士
をつなぐ稜線情報は計測では得られない。計測した物体表面をポリゴン曲面と
して描画するには稜線をつなぎ三角形で表面を再構成する前処理が必要とな
る。表面再構成のために近傍の点同士を見つけ出して稜線をつなぐアルゴリズ
ムは**リメッシング**（re-meshing）と呼ばれる。

　点群データの代表的な応用分野として，映像制作と**ディジタルアーカイブ**
（digital archive）の二つがあげられる。映像制作では，実在の人間の顔を計測
して映画やゲームの登場人物のポリゴン曲面を点群データから作成する例が多
い。ディジタルアーカイブは歴史的な立体作品の正確な形状データを保存する
ことで，彫刻作品や仏像などの点群データによる保存が多く行われている。

　リメッシングでポリゴン曲面を構成する一方，技術的には表面再構成をせず
に点群だけの情報から描画をすることも可能である。各点に対して 3.4.1 項で
述べたビューイングパイプラインによる座標変換により画像上での位置を求
め，そこに数画素程度の直径の円盤を描くだけである。**図 4.32** はそのような
方法で実測点群データから絵画風の描画を行った二つの例である。

（a）　　　　　　　　　　　　　　（b）

図 4.32　実物を計測した結果の点群データを描画した例 [2]（口絵 12 参照）
〔提供：渡邉賢悟（渡辺電気株式会社）〕

4.3.6　パーティクル

　パーティクル（particle）は，多数の点が一斉に動き回ったり飛び回ったりするような物体群を表現するために各点を粒子として扱う手法である。パーティクルという単語はそもそも粒子という意味である。CG 分野でパーティクルと言う場合，各粒子を指し示すこともあり，それら粒子群を表現する手法の名称としても用いられる。

　このような一群の点（粒子）の集まりは，4.1 節や 4.2 節で述べた表面形状モデルとして扱うことは適切ではない。点同士の接続関係がなく，各点が独立に移動する想定だからである。

　パーティクルは，粉や煙や水のような微細な固体や気体・液体の変幻自在に変わる形を表現するために使われる。幻想的な映像シーンで彗星の尾が流れるかのように飛翔する効果は典型例である。**図 4.33** はパーティクルによる CG 表現例である。各粒子位置を具体的に計算する方法は目的によってさまざまで，本書ではその詳細は省略する。

　波が激しく変化する水面の表現にもパーティクルが利用される。この場合は，各粒子の動きを**流体シミュレーション**（fluid simulation）によって計算し，メタボールによって表面形状を構成する方法がしばしば用いられる。図

（a）　花火の表現〔提供：菊池司
　　　（東京工科大学）〕

（b）　雪煙のシミュレーション
　　　〔提供：菊池司（東京工科大学）〕

（c）　撹拌機による粉と液体の動きシミュレーション
　　　〔提供：プロメテック・ソフトウェア株式会社〕

図4.33　パーティクルを用いた各種粒子の表示例

4.31ですでに示した例はそのような手法の結果である。

　加えて，パーティクルは，**群集シミュレーション**（flocking simulation）というアニメーション手法において，個々の構成要素の移動計算にも応用される。その場合，群集を構成する膨大な数の構成要素の個別単位を各パーティクルとみなす。

　例えば，映画などで大軍同士の合戦シーンを制作する際の歩兵がそのような個別単位にあたる。パーティクルとして処理するのは各歩兵の移動計算である。通常のパーティクルと異なり，個別単位同士の衝突回避処理が追加で必要となる。最終的な映像にするには，事前に姿勢の動きもデザインした兵士の形状モデルを用意する。そして，実行時に計算した各パーティクル位置に多数複製して配置する。姿勢が同じにならないように工夫して多数の同じ形状モデル

を別々に動かす。

■ 演 習 問 題 ■

〔**4.1**〕 図4.4(b)で示したサーフェスモデルの記述をそのまま10行のテキストとして打ち込んでobjファイルとして保存し，ビューワソフトを使ってCG表示結果を確認しなさい。

〔**4.2**〕 あるCGソフトを使って3次元モデルを表示した結果，シェーディング表示はできたが断面表示はできなかった。この3次元モデルは4.1.3項で示した3種類の形状モデルのうちどれであると推定できるか。

〔**4.3**〕 3次ベジエ曲線とその制御点の例をWeb上で見つけ，紙に印刷したうえで，図4.20と同様に$t=1/2$の点で分割する作図を手書きしなさい。

〔**4.4**〕 3次ベジエ曲線を$t=1/2$の点で分割すると$0\leqq t\leqq 1/2$の範囲が別の3次ベジエ曲線と一致することを数式によって導きなさい。

〔**4.5**〕 双3次ベジエ曲面の定義式（式(4.9)）でパラメータuとパラメータvを置き換えても同じ結果になることを証明しなさい。なお，式(4.8)を展開して16個の項の並べ方を変えるとuとvを置き換えた式を導出できる。

〔**4.6**〕 3次元空間を表示するゲーム作品で，ポリゴン曲面のLOD処理が行われていることを確認しなさい。例えばレーシングゲームで車が遠くに離れ小さくなっていく際に微妙に形が変わったり消えたりする現象が見られる場合がある。

〔**4.7**〕 マンデルブロー集合を描くプログラムを作成しなさい。画像の各画素値を決定し表示できる機能を持つプログラミング言語であればどんな言語でも構わない。

〔**4.8**〕 フラクタル図形の性質を持つ実在のものを複数あげなさい。

5章 CGアニメーション技術の基礎

◆ 本章のテーマ

　CGアニメーション技術は，表示対象物や現象に応じてさまざまな個別の技法が確立している。本書の趣旨は基礎技術の理解であるから，個別技法の大前提となる共通技術を詳しく述べる。本章では，まずアニメーションに関連した表示装置の基本的な概念と動き表示の実際の処理を示す。以降は，CGアニメーション技術の中から基礎的で必ず使われる二つのトピックに限定して述べる。キーフレーム法はアニメーション制作の段階で，ほとんどの場合に何らかの形で活用される手法である。モーションブラーは，CG動画完成作品のレンダリング段階で必ず行われる処理である。いずれの基礎技術も動きの自動生成というCGアニメーション技術の核心部分である。これら二つの手法についてアルゴリズムも含めた原理を説明する。最後に，さまざまな個別の技法を簡潔かつできるだけ網羅的に概観する。

◆ 本章の構成（キーワード）

5.1　フレーム処理の基本概念
　　　フレーム，リフレッシュ，ダブルバッファ，リアルタイムレンダリング，
　　　プリレンダリング
5.2　モーションブラー
　　　モーションブラーの原理，ぼかし
5.3　キーフレーム法
　　　中割り，スケルトン法，インバースキネマティックス，リギング
5.4　CGアニメーション各種技法の概観
　　　モーションキャプチャ，変形，シミュレーション

◆ 本章を学ぶと以下の内容をマスターできます

☞　アニメーションのための表示装置の仕組み
☞　リアルタイムレンダリングとプリレンダリングの違い
☞　モーションブラーの原理とアルゴリズム
☞　キーフレーム法の原理と発展技術
☞　CGアニメーションの広範な技法群とそれぞれの適用対象

5.1　フレーム処理の基本概念

本節では，最初にアニメーションのコンピュータによる生成や表示が基本的にどのような処理手順によって行われるかを述べる。本書が対象とする基礎知識としてはかなり詳細に解説している。CG アニメーションの大前提となる基本的な概念であるために詳しく記述したと理解してほしい。

5.1.1　CG アニメーション描画処理の基本原則

CG アニメーションは，条件を少しずつ変化させながら描画処理を繰り返して一連の複数画像を生成し，結果的に表示対象が動いているように見せることである。この一連の複数画像の 1 枚 1 枚を**フレーム**（frame）と呼ぶ。

CG アニメーション処理の鉄則は，毎フレームで全部の対象物を描画し直す，という点にある。描画対象の CG モデルがいかに簡単なものであっても，あるいはいかに複雑なものであっても，このことは変わらない。つまり，つぎのフレームで変化する部分がほんのわずかだからといって画像のその部分だけを描画して上書きする，という措置はとらない。

つぎのフレームの画面上でどの部分が変化するかを特定することは一般にはたいへん困難である。厳密には，次フレームの CG モデルやカメラ設定を使って全体を描画してみて画面変化を調べるしかない。結局のところ，毎回無条件で全部描画すればよいのである。

以上のような前提条件を踏まえ，以降，フレーム描画表示処理の基本を理解してほしい。

5.1.2　フレームレートとリフレッシュレート

見る人にアニメーションを提示する際の速度を**フレームレート**（frame rate）と呼ぶ。フレームレートの数値の単位は **fps**（frames per second）である。つまり，1 秒間に何枚のフレームが切り替えて表示されるかを示すのがフレームレートである。これはコンピュータ側から表示装置に画像データを送出した結

果の速度ということになる。描画処理の負荷が大きすぎる場合はフレームレートが一時的に低くなることもある。

　例えばゲーム機で表示されるゲーム実行画面のフレームレートは 60 fps である。フレームレートが 60 fps を下回ると，ユーザには動きがぎくしゃくして感じられてしまう。これを避けるために，ゲーム制作業界では 60 fps というのが実行時に必ず守るべき標準のフレームレートとされている。

　この 60 fps という数字は，歴史的にアナログテレビ画面（初期のゲーム機でも利用）の標準が 30 fps であり（5.1.4 項参照），その 2 倍に設定されたと推定される。前述のように 60 fps あればほとんどの人が滑らかな動きと認識する。

　フレームレートと似た概念に**リフレッシュレート**（refresh rate）がある。リフレッシュレートはコンピュータから表示装置への送出時のフレーム切り替え速度で，一定値に設定するものである。その単位は毎秒のフレーム切り替え回数を Hz（ヘルツ）で表す。例えば，PC の表示装置のリフレッシュレートは 60 Hz に設定する場合が多いが，48 Hz や 72 Hz などに設定変更できる場合もある。また，ハイエンドの表示装置では 144 Hz や 240 Hz のリフレッシュレートを持つものがある。

　コンピュータからビデオメモリを介して表示装置に画像データを送るシステム構成を**図 5.1** に示す。CPU や GPU を用いた計算処理によって 1 フレームの

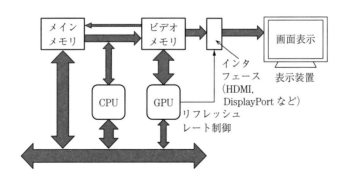

図 5.1　画像表示のためのシステム構成

画像生成を行う。結果は**ビデオメモリ**（video memory）の中に設定された表示画像記憶領域である**フレームバッファ**（frame buffer）に格納される。その格納画像は，HDMI や DisplayPort などのインタフェースを介して一定のリフレッシュレートのタイミングで表示装置に送出される。矢印が太いほどデータの転送量が大きいことを示している。

「バッファ」の語源は「緩衝材」である。コンピュータ分野ではデータ転送時に途中で一時的にデータを保持しておく記憶領域のことを言う。フレームバッファは転送の間隔を安定させるための貯水池のような役割を果たす。データ送出側とデータ取得側それぞれの転送速度やタイミングが多少合わなくともその違いを吸収してくれるのである。

一般に，PC でアニメーション描画処理を行うプログラムにはつぎのような機能が求められる。すなわち，実行時のリフレッシュレート設定を調べ，その速度に応じてフレームレートを都度調整する機能である。より入念なプログラムだと，実行時に使用する PC 性能もチェックし，事前に調査しておいた処理能力に応じてデータの負荷を下げて（つまり表示品質を意図的に落として）フレームレートを保つ処理を行う。

一方，ゲーム専用機はコンピュータ性能が一定でリフレッシュレートも固定である。ゲームで標準の 60 fps にフレームレートを安定させるように，プログラマーはゲーム実行プログラムの負荷を下げる事前調整をする。

この調整がうまくいかず，一定のリフレッシュのタイミングに計算処理が間に合わなかった場合は**テアリング**（tearing）が生じる。テアリングは画面が途中で水平に裂けて見える現象である。途中までしか終わらなかったフレームが画面上側だけに描かれ，前のフレームが画面下側に残ってしまう（描画処理の仕方により上と下が逆のケースもある）。

図5.2はリフレッシュレート 60 Hz の場合のタイムチャートである。横軸が時刻で，（1）は計算処理中のフレーム番号を，（2）は刻々とフレームバッファに結果が描かれる割合を示している。（3）は最終的な画面表示結果の変化を示す。フレームバッファの結果が画面に反映するのは 1/60 秒ごとのリフレッ

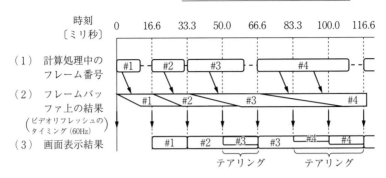

図5.2 フレーム切替えのタイムチャート例（シングルバッファの場合）

シュのタイミングである。フレーム #3 と #4 の処理が遅く，途中3回のテアリングが起こっていることがわかる。

5.1.3 ダブルバッファ

テアリングを回避するために，従来から**ダブルバッファ**（double-buffer）という手法が使われている。**図5.3**のようにビデオメモリの中のフレームバッファを二つ用意しておき，フレーム計算結果を毎回交互に別のバッファに切り替えて書き込む方法である。画面への読み出しは，必ず書き込み中のものとは違うバッファを使う。各フレームの計算処理の最後に**スワップバッファ**（swap buffers）命令を発することでダブルバッファの切替え制御を行う。

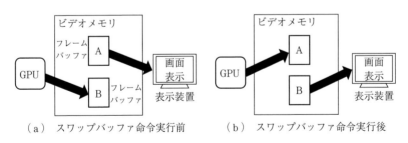

（a）スワップバッファ命令実行前　　（b）スワップバッファ命令実行後

図5.3 ダブルバッファ

ダブルバッファを用いれば，リフレッシュのタイミングでは完全に書き終わっているほうのバッファを読み出し画面表示することが保証される。これに

よりテアリングは回避できる。

しかし，ダブルバッファの場合でもフレーム計算処理が遅れれば別の問題が起こる。例えば 60 fps で表示している CG アニメーションで負荷が高まりフレームレートが下がる場合，一気に 30 fps に落ちてしまう。負荷がちょっと高くなったから 60 fps が 59 fps になる，というわけではない。

これは，リフレッシュレートが通常は（アニメーション表示中は）固定で，そう頻繁に変更するものではない，という前提があるためである。リフレッシュレートが 60 Hz 固定の場合，フレームレートは最速でも 60 fps となる。この場合，16.6 ミリ秒以内で 1 フレームを処理していることになる。

この状況で，あるフレームの処理が重く，処理時間が 16.6 ミリ秒を少し超えてしまうことを想定してみよう。その場合，リフレッシュレートが固定なので，つぎの 16.6 ミリ秒を待ってからの表示となってしまう。つまり，処理が遅れたフレームは 33.3 ミリ秒掛かったということになる。その瞬間フレームレートは 30 fps に落ちたことになる。60 fps が保てないと一気に 30 fps に落ちるのである。

図 5.4 は，リフレッシュレート 60 Hz の場合のタイムチャートである。この例では，フレーム #3 の処理負荷が重く，計算時間が 16.6 ミリ秒を少し超えて

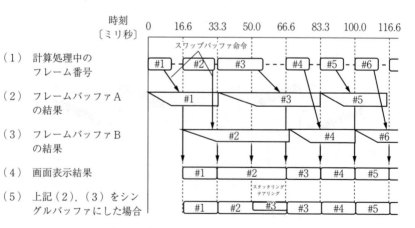

図 5.4　ダブルバッファのタイムチャート例

しまっている。結果的に画面表示は1フレーム分待たされることになり，その瞬間だけ30 fpsに落ちてしまう。そのほかの時間では60 fpsが保たれている。画面を見る人にとっては，動きが一瞬止まったことが見えてしまう。この現象は**スタッタリング**（stuttering）と呼ばれる。わずかな処理時間オーバーがスタッタリングを引き起こすこととなる。

　ここで，図5.2の（1）や図5.4の（1）では，各フレームの計算処理終了後の破線で示されている時間は処理が休止（スリープ）していることに注意したい。等間隔に想定した各フレームを安定的に表示するために，ビデオリフレッシュのタイミングに**同期**（synchronization）させてつぎのフレームの計算処理を開始する。

　スリープと同期がないと，各フレームの計算処理が極端に短いようなアニメーションで問題が起きる。1回のリフレッシュで何フレームも飛ばして画面表示される事態が起きてしまうのである（ハードウェアの計算性能調査のため処理速度計測を行う際は意図的にこういう処理をする）。

　スリープと同期の制御は，アニメーション描画処理を行うプログラムを書く際に設定する必要がある。そのために，システム側は，プログラム実行時にビデオリフレッシュのタイミングまでスリープし，処理を中断できるような仕組みをプログラマーに提供している。

　ダブルバッファはテアリングを回避してスタッタリングを許容する考えに基づく。しかし，状況によってはたとえテアリングが起きてもできるだけ早くつぎのフレームを表示したい，という要望を持つユーザもいる。一瞬の操作が勝負に影響する格闘ゲームのプレイヤーがその典型である。

　実際，144 Hzや240 Hzの高速リフレッシュレートの表示装置の場合，テアリングが露呈する時間は非常に短いためほとんど気にならない。フレーム間の画像の変化もより少ないため，二重の意味でテアリングが目立たないことになる。それであれば図5.4（5）に示すようにシングルバッファにして少しでもつぎのフレームを（一部分でも）早く表示したほうが，ゲームプレイヤーにとっては有利となる。ただし，一般には60 Hzを超える高速リフレッシュレートで

違いが察知できる人は限られている。

5.1.4 プリレンダリング映像の再生フレームレート

CG アニメーションは，目的が異なる二つの手法に大きく分けられることを大前提として覚えておきたい。それらは，**リアルタイムレンダリング**（real-time rendering）と**プリレンダリング**（pre-rendering）の二つである。

5.1.2 項と 5.1.3 項は，計算処理した結果をその場で表示装置に映すリアルタイムレンダリングを想定した内容である。用語としての厳密なリアルタイムレンダリング（あるいはリアルタイム CG）の定義は 60 fps 以上のフレームレートを保つ計算処理の場合を指す。

これに対してプリレンダリングは，事前に時間を掛けて描画処理を行う方法である。1 フレームの描画処理時間は数秒から数時間，場合によってはそれ以上，例えば数日だったりもする。その際の描画処理結果は動画ファイルとして保存される。映画や CM などの映像作品のすべて，ゲームのオープニングムービーのほとんどは，プリレンダリングの結果動画を再生するものである。プリレンダリングは**オフラインレンダリング**（off-line rendering）あるいは**バッチレンダリング**（batch rendering）とも呼ばれる。

プリレンダリングされた動画ファイルの再生は，画像データを単純に表示用のフレームメモリにコピーすればよい。再生フレームレートはほぼ自由に決められるので，通常は実行環境のリフレッシュレートに合わせることになる。PC のリフレッシュレートは 60 Hz が多いので，再生フレームレートも 60 fps となる。映画のリフレッシュレートは，昔のフィルム映画における 24 fps を現代のディジタル表示になっても踏襲している。

テレビ映像の場合は，テレビのリフレッシュレートである 30 Hz と同じで 30 fps ということになる（正確にはカラーテレビ映像は 29.97 fps）。ただし，テレビの場合は**インターレース**（interlace）方式という特殊なやり方で動画を表示する。

インターレース方式では，1 フレームを前半 16.6 ミリ秒（1/60 秒）と後半

16.6 ミリ秒との二つの**フィールド**(field)に分割する。最初のフィールドでは,画像のスキャンラインの奇数行だけを飛び飛びで表示し,後半のフィールドで偶数行を埋める。画面半分ずつで 60 fps 表示していることになり,30 fps でありながら,より 60 fps に近い見え方が達成できる。

　一方で,スキャンラインを上から 1 行ずつ順番に走査する方式は**プログレッシブ**(progressive)またはノンインターレースと呼ばれる。PC 画面はすべてプログレッシブ方式である。近年のテレビでもプログレッシブ方式が増えてきている。ディジタルハイビジョンの規格ではスキャンライン表示本数が 1 080 本である。1080i という規格名はインターレースを,1080p はプログレッシブを表している。

　動画再生におけるフレームレート調整は,PC やスマホなどでの動画再生時に一般によく利用される機能である。図 5.4(1)で示した「計算処理中のフレーム番号」に相当する部分を「メインメモリからフレームバッファに転送中のフレーム番号」と読み替えて考えればよい。

　再生速度を遅くする場合は,図 5.4(1)の破線部分の待ち時間を意図的に長くし,1 フレーム分繰り返して重複表示すればよい。再生速度を速めるには,フレーム番号を飛ばして転送すればよい。再生速度の細かい調整,例えば 1.1 倍の早回しが必要な場合は 10 フレーム分の時間の間に 11 フレーム進むよう 10 回に 1 回フレーム番号を飛ばす,というような措置をとる。

　もともと 24 fps で作られた映画の動画データを 60 fps で表示するには **2-3 プルダウン**(2 : 3 pull down)と呼ばれる変換を行う。2.5 倍のフレームレートで正常に再生されるためには,再生速度が 2.5 倍遅い動画に変換しながら表示する。あるフレームを 2 回重複表示したらつぎのフレームを 3 回重複表示し,つぎはまた 2 回重複,という措置をとるのが 2-3 プルダウンである。60 fps で表示すれば,1 秒間にもとのフレーム 24 個分が表示されることがわかる。

5.2 モーションブラー

　本節では，CG 映像作品では必ず用いられる手法であるモーションブラーについて解説する。

　CG アニメーションは，各フレームの CG 描画結果の画像を紙芝居のように切り替えて表示する。このときの1枚1枚の画像は静止画で，その瞬間の物体位置の静止物体が描画される。もし動きが速いと，まるでストロボ撮影のように断続的に物体が並ぶように見えてしまう。つまりは動いているように見えなくなる。

　では，実写映像で動きが速い場合はそもそもどうなっているか。各フレームの画像はもちろん静止画ではあるが，そこには動く物体は静止物体としては映らない。あるフレームの撮影のためにカメラのシャッターが開いている間，物体が移動すればその間の軌跡（残像）がフィルムあるいはイメージセンサに記録される。そのようなフレームが続けば，物体が流れるように映って見えることになる。

　CG でも1フレームの静止画を描画する際に，実写のように物体の残像を描画する。これが**モーションブラー**（motion blur）である。ブラーは「ぼやける」あるいは「ぼかす」という意味である。**図 5.5** は，簡単な CG 動画のうちの1フレームの描画結果である。図（a）はモーションブラーなしの結果，図（b）はモーションブラーを施した1フレームの静止画描画結果である。8個の

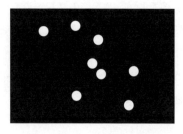 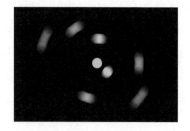

（a）モーションブラーなし 　　（b）モーションブラーあり

図 5.5 モーションブラーの例

小さな円盤が画面中央付近を中心に周囲を回転するCG動画の1コマである。

　モーションブラーの処理内容の原理を簡単に説明する。1フレーム分を描画する際に，内部的には隣接フレーム間の多数の時刻での画像も描画する。もとの1フレームに加えそれら中間結果画像群の平均画像合成を行うのが処理の原理である。1フレームあたり，途中の時刻も加えて何個画像を使うかというサンプル数（標本点数）は動画制作者が設定する。サンプル数が1ならモーションブラーを行わないとの同じである。

　再生フレームレート30 fpsを想定したCG動画を描画する例を考えてみよう。与えられた時刻のCGシーンを1回描画したら，モーションブラーなしの場合はこれで1フレーム終了である。つぎのフレームは1/30秒後の時刻のシーンを描画することになる。モーションブラーありの場合，例えばサンプル数を10と設定したら，もとのフレームの時刻を含み1/300秒刻みで並ぶ10時刻のシーンを描画しそれら10画像を合成する。

　モーションブラーを施すと，この例だと描画処理は10倍の処理時間が掛かることになる。実際，モーションブラーは処理時間が掛かるため，リアルタイムCGで使われることは少ない（例外は後述し図5.7で示す）。プリレンダリングのCGでは，制作途中での結果確認の際にはモーションブラーを省略することもある。しかし，最終的なCG動画作品を生成する描画では，時間を掛けてでも必ずモーションブラーを施す。このことは実務的に覚えておくべき重要ポイントである。

　もし，何らかのCG動画作品を再生できる機会があれば，一時停止して1フレームの静止画を確認してみよう。動いている物体が尾を引くように描画されてブラーを生じさせていることが見て取れるはずである。

　実際の動画制作にあたっては，激しい動きのシーンについてはサンプル数を多めに設定する必要がある。**図5.6**にその極端な例を示す。60 fpsの動画の1フレームに対して，いくつかの異なるサンプル数でモーションブラーをかけた例である。円盤群全体は1秒間に10回転（3 600°）という高速で動いており，1フレームで60°回転する。

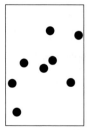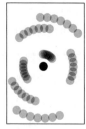

（a）　モーション　（b）　7サンプル　（c）　20サンプル　（d）　60サンプル
　　　ブラーなし

図5.6　モーションブラーのサンプル数の違い

　この例の場合，実際の動画は，モーションブラーがないと不規則にストロボ
が点滅しているようにしか見えず回転していることがわからない。図（b）に
示すような7サンプルの動画だと回転していることは明らかであっても，複数
サンプルがあることは露呈する。20サンプルだと静止画を見ると合成に気づ
くが，速い動画になると自然なブラーに見える。60サンプルでは静止画でも
動画でも自然に尾をひいている。

　描画処理時間を考えると，20サンプルぐらいあれば十分であることがわか
る。遅い動きなら1フレーム分の短い物体移動範囲に対して十分な数の合成サ
ンプル数だし，速い動きでもストロボ撮影のように見えることはない。表示フ
レームレートが60 fpsでサンプル数20のモーションブラーだと，疑似的に
1 200 fpsの映像に近いことになる。

　以上示した処理内容の原理は，サンプル数の分だけ多く描画して画像合成を
行う基礎的なモーションブラーの方式である。

　最後に，フレーム間サンプリングを行わずに軌跡を描く高度な手法を紹介す
る。シーン中にある各CG物体の描画画面上での移動速度ベクトルを計算し利
用する物体ベースの手法である。**図5.7**は，描画処理速度を重視するリアルタ
イムCGにおいてそのような**物体モーションブラー**（OMB, object motion blur）
を行った例である。

（a） モーションブラーなし （b） モーションブラーあり

図 5.7 リアルタイム CG における物体モーションブラーの例
〔提供：シリコンスタジオ株式会社〕

5.3 キーフレーム法

CG アニメーションでは各フレームで入力条件を少しずつ変えて設定しなが
ら描画を都度行う。ここで言う条件とは，CG モデルの位置および形状やカメ
ラの位置および向きなどである。**キーフレーム法**（key-frame method）は，こ
れらの条件の設定を全フレームについてではなく，一部の**キーフレーム**（key
frame）についてだけ設定し，残りをコンピュータによって補間計算し自動的
に算出する手法である。このようなフレームの補間処理は中割りとも呼ばれる。

前節のモーションブラー同様，キーフレーム法も CG アニメーション作品で
は頻繁に用いられる手法である。モーションブラーは CG アニメーション作品
の最終描画時に仕上げとして使えばよい手法である。それに対しキーフレーム
法は CG モデルの動きをデザインする過程において重要な役割を果たす。もち
ろん描画処理時にも使われる基本手法である。

キーフレーム法の実施は，CG モデル制作時の技法，つまりデザイナーが使
用するアニメーション用ソフトウェアの使い方と密接に関係する。しかし本書
は CG 数理という観点から，キーフレーム法でシステムが処理する内容に焦点
を絞り，ソフトの利用法ではなくソフトの内部処理を解説する。

5.3.1　キーフレーム法の簡単な実施例

キーフレーム法で動きを設定するおもな対象はキャラクターモデルの骨格である。最終的な CG アニメーションでは骨格を包む皮膚または衣服のモデル，場合によっては筋肉モデルを用意するが，キャラクターの動きは骨格に対して設定する。このような方法は**スケルトン法**（skeleton method）と呼ばれ，骨格構造全体を単にスケルトンと呼ぶ。スケルトンを構成する1本1本の骨は**ボーン**（bone）と呼ばれる。ボーンが隣接するほかのボーンと接続される場所は**関節**あるいは**ジョイント**（joint）と呼ばれる。本項ではスケルトン法を前提とし，剛体でできた単純な2次元のロボットキャラクターを題材にキーフレーム法を説明する。

図 5.8 は単純なキャラクターアニメーションの動きをキーフレーム法で実施した例を示す。図（ a ）と図（ b ）はそれぞれ0秒目と1秒目をキーフレームと定め，肩の関節の曲がり角すなわち**関節角**（joint angle）を変化させて各時刻でのキャラクターの姿勢を設定した結果である。これらの設定をアニメーションデザイナーが行う。実行するアニメーションのフレームレートは仮に 10 fps と定めたとする。図（ c ）は，以上の設定のもとで0秒目から1秒目までのアニメーション表示結果を全フレーム重ねて描いた結果画像である。

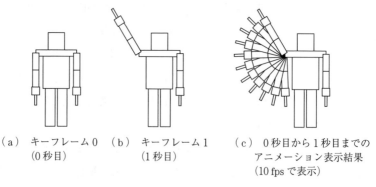

（ a ）　キーフレーム 0　（ b ）　キーフレーム 1　（ c ）　0秒目から1秒目までの
（0秒目）　　　　　　　（1秒目）　　　　　　　　　　アニメーション表示結果
　　　　　　　　　　　　　　　　　　　　　　　　　　（10 fps で表示）

図 5.8　キャラクター動作のキーフレーム法による実施例

　CGアニメーションでは各フレームの描画（レンダリング）自体は自動的に行われるが，描画の入力情報は制作者が指定する必要がある。入力情報を全部のフレームについて行うのはきわめて煩雑で現実的ではない。図5.8の例では，二つのキーフレームの入力情報の指定で11フレーム分の動きの結果が得られている。

　この例で，1秒目以降も同様にキーフレームを設定すれば，すべての表示フレーム数の1/10の数のキーフレーム設定で動きをデザインできることになる。

5.3.2　インバースキネマティックス

　スケルトンの関節角を変化させてキャラクターの姿勢を動かすことを想定しよう。現実のCGアニメーション制作では，例えば1秒後の足の位置を地面の特定の地点に一致させたいというような制約がしばしば生じる。その際，たとえそのキーフレーム姿勢だけを作れば後は自動で補間されるとしても，所望の位置に足を着地させる姿勢を関節角の設定だけで用意する作業には困難が伴う。

　インバースキネマティックス（inverse kinematics）は，所望の位置にスケルトン上の1点を一致させるという条件を与えれば，後はシステム側が各関節角を変更して自動的に望む姿勢を計算するという手法である。もちろん，目的の姿勢に至る途中の関節角もキーフレーム補間によって求められる。

　もともと**キネマティックス**（kinematics, 運動学）は一般用語で，物体の移動や回転の時間変化に関する学問である。CG分野では，剛体でできた関節物体すなわちスケルトンの動作に関する研究分野を指している。キネマティックスでもっとも重要な変数は関節角度である。**図5.9**は関節角の説明図である。図(a)は2次元ロボットの腕を例に関節角を示している。関節が完全に伸びた状態または標準的な姿勢の状態で関節角を$0°$とする。そこからどのぐらい曲がったかの角度として関節角は定義される。

　図(b)は二つのボーンからなる単純な関節物体を例に対象とする変数を示している。原点に接続されたボーンの長さをL_1とし，原点にある関節位置J_0

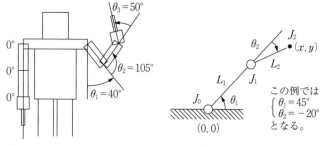

（a）ロボットアームにおける　　（b）　単純な関節物体と関連する変数
　　　肩・肘・手首の関節角

図5.9 キネマティックスにおける関節角

は動かないが関節角 θ_1 は変化するものとする。先端部のボーンは長さ L_2 とする。両ボーンをつなぐ関節を J_1，ボーン L_2 の先端部は便宜上 J_2 とする。

　フォワードキネマティックスは関節角が与えられる前提で，そこから関節位置座標を計算する手法である。スケルトンの姿勢を設定するうえで自然な考え方と言える。図（b）でボーン L_2 の先端 J_2 の位置 (x, y) を計算するには，θ_1, θ_2 を独立変数，x, y を従属変数と定め，以下の数式を直接計算すればよい。

$$\begin{cases} x = L_1 \cos \theta_1 + L_2 \cos(\theta_1 + \theta_2) \\ y = L_1 \sin \theta_1 + L_2 \sin(\theta_1 + \theta_2) \end{cases} \tag{5.1}$$

　これに対して，本項冒頭で述べた通り，現実に CG キャラクターの動きを設計する際には特定の関節位置がどこに来るかを設定したいという場合が多い。図（b）の例だと，x, y を既知（独立変数）として所望の位置を設定し，未知数 θ_1, θ_2 を従属変数とみなして式（5.1）を満たす角度を求めるという過程になる。これがインバースキネマティックスの考え方である。

　式（5.1）の例だと，未知数が二つで方程式が2本であるので，基本的に唯一の解の組 θ_1, θ_2 が計算できる。しかし一般には，関節位置を求める計算式に三つ以上の関節角が関係する[†]。2次元平面上の所望の位置を求める式は2本

[†] 例えば，人体キャラクターの基準位置（重心）を腰関節と考えると，人差し指の先端位置は腰・肩・肘・手首・三つの指関節という七つの関節角を変数として計算されることになる。

なので，これらの式を満たす三つ以上の関節角として無限の組合せが見つかることになる。

　例えば，4本のボーンが連なる場合における先端位置 (x, y) の計算式は一般につぎのようになる。

$$\begin{cases} x = f(\theta_1, \theta_2, \theta_3, \theta_4) \\ y = g(\theta_1, \theta_2, \theta_3, \theta_4) \end{cases} \tag{5.2}$$

ここで，未知数 $\theta_1, \theta_2, \theta_3, \theta_4$ はそれぞれのボーンの根元での関節角である。インバースキネマティックスの処理では，目的の位置を求める式 (5.2) のような関数に加え，制約条件を記述する別の関数式を追加設定する。多くの場合このような制約は不等式によって与えられる。例えば $0° \leqq \theta_1 \leqq 110°$ のように関節角の可動範囲を制限する。

　さらに，関節角の値から得られる姿勢におけるキャラクターへの負荷の値を推定し計算するような関数を定義する場合もある。このような関数は一般に**エネルギー関数**（energy function）と呼ばれる。人が目的の位置にある物をつかむ際に最も疲れにくい姿勢を取ると考えれば，エネルギー関数（負荷の大きさ）$E(\theta_1, \theta_2, \theta_3, \theta_4)$ は最小になることが望ましい。この条件を数式によって表す場合は以下のように記述する。

$$\underset{\theta_1, \theta_2, \theta_3, \theta_4}{\mathrm{argmin}}\ E(\theta_1, \theta_2, \theta_3, \theta_4) \tag{5.3}$$

ここで arg とは argument の略で独立変数という意味である。min は最小（minimum）を意味するので，式 (5.3) は，定義された関数 E の計算値が最小になるような独立変数の組 $\theta_1, \theta_2, \theta_3, \theta_4$ を 1 組求めるという意味の数式となる。このような問題設定により解を求める方法は**エネルギー最小化法**（energy minimization method）と呼ばれ，一般に広範囲の応用分野で活用される。

　実際にここまでで追加した条件（制約式，エネルギー最小化）をどのように解いて最終的に変数の組を見つけるかについては本書では省略する。一般的にこのような命題の解を求める種々の数学的手法や数値計算手法を探求する分野は**最適化**（optimization）と呼ばれ，それだけで 1 冊の教科書が書けるくらい

の内容となる。少しだけ説明すると，多くの最適化問題では，最初任意の独立
変数の値を決めて条件式を計算し，独立変数の値を変えながら計算を繰り返し
て最適解を探索するという処理を行う†。インバースキネマティックスは最適
化の問題の一種であると言える。

5.3.3 動き情報の設定技法（リギング）

5.3.2項で示したとおり，キーフレーム法を実施するには，キーフレームで
の CG モデルの姿勢情報をデザイナーが設定する必要がある。そしてその前提
として，CG モデルの動きに伴い変化する数値情報をそもそもどの部分に与え
るか，という上流工程での設定が必要である。

このような設定を行うことを**リギング**（rigging）と呼ぶ。リギングは人体や
動物キャラクターの骨格（スケルトン）の各関節を対象とする。上流工程での
作業であり，アニメーションを目的としながらモデリング過程の一部とされ
る。

リギングにおけるおもな設定内容は，対象スケルトンにおける関節の回転中
心点，回転の向き，回転角度範囲である。付随する筋肉あるいは皮膚モデル
（スキン）があれば，ボーンとの対応関係の設定も必要となる。このような設
定は，後工程の膨大なアニメーション作成における効率化や最終的な動きの品
質に与える影響が大きい。そのため，リギングはツールソフトウェアを使用す
る人の入念な作業に負う部分が多く，自動化は困難である。

形状デザインをはじめとするモデリング作業はツールによる効率化が進みや
すいのに対し，リギングは相対的には人手の割合が大きい。このため，リギン
グはモデリングの一部というよりも，モデリングとアニメーションの橋渡しを
する独立した工程とみなされることが近年では多くなった。デザイナー向けの
リギング技法に関する情報やツールソフトウェア解説も増えている。リギング

---

†　繰り返し探索を行う必要のない例外的な最適化手法として，エネルギー関数の各独立
　変数による偏微分式が0となるような連立方程式を解く**最小二乗法**（least squares
　method）がある。

技法についてはそれらの媒体に譲る。

　本書はCGの技術面つまりコンピュータの中で行われる処理に着目する趣旨であるため，本項ではリギングの自動化に関する技術研究動向に簡単に触れる。

　前述のようにリギング自動化は従来あまり試みがなく，ツールソフトの使い手の作業に依存する場合がほとんどすべてであった。

　一方で，2010年代の**人工知能**（artificial intelligence，AI）技術の普及により，車の運転や翻訳など人手の掛かる作業とされてきた仕事の多くについて自動化が進展あるいは普及した。一般に，AIによって自動化が可能になる種類の作業は，簡単に工程を分析して定型化はできないが，結果の成否の判断あるいは評価を人あるいはコンピュータが比較的容易に行えるような作業である。

　2010年代後半になって，CGキャラクター姿勢の良し悪しの自動判定技術が研究され始めた。このことにより，AI技術を使ってリギングの自動化が進展する可能性が高くなってきている。実際そのような試みも行われ始めている[1]。

5.4　CGアニメーション各種技法の概観

　CGアニメーション技術を体系として捉えると，基本的な部分は限られており，それらは5.3節までで述べた。CGアニメーションの多くの技術・技法は，特定の表示対象物や特定の現象に特化して先鋭化し洗練されて確立し，映像制作の現場で活用される。そのような個別技術は本章では技法と呼ぶことにする。本節ではこれらの技法を大まかに三つに分類し，個々の技法についてその目的と概要を述べ，制作面よりは要素技術としての側面を簡単に説明する。

　一つ目の分類は実際の演技者の姿勢を計測して動きデータを得る手法，二つ目は与えられたCGモデルに対して変形をデザインして動きを与える方法，三つ目は物理法則あるいは何らかの法則に基づき各点の動きを計算により求める方法である。

5.4.1 モーションキャプチャ

CG 作品において人間あるいは擬人化されたキャラクターの動きの現実感は重要である。1995 年ごろに登場した**モーションキャプチャ**（motion capture, mocap）は実際の演技者の動きをデータ化し CG キャラクターに適用する一連のシステムである。現在では映像作品やゲームの制作分野で広く普及している。

表面の各要所にセンサが装着されたコスチュームを演技者に着せ，動作に伴い時々刻々と変化する位置データを計測し取得するのがモーションキャプチャの原理である。初期のモーションキャプチャ装置では，磁気センサを使用していた。しかし，磁気センサは金属の近くでは誤動作が多く使用環境の制限や出力の動作データの品質に問題があった。

2000 年に入りディジタルカメラが安価になっていくと，光学式のモーションキャプチャが普及し始めた。多数の角度から演技者を撮影した画像を解析して動作データを取得する方法である。磁気センサの代わりに装着するのは，**マーカー**（marker）と呼ばれる，**再帰性反射材**（retroreflective material）でできた直径数ミリから 1 cm 程度の小球である。

再帰性反射材は，入射角に関わらず光が入射した向きに対して最も強く反射させる素材である。一般には，夜間の安全のために車のヘッドランプに照らされると車のほうに強く反射させる交通標識の表面塗布材や衣服に付けるシールとして普及している。

再帰性反射材の小球はどの向きから光を受けても一定の強さでもとの向きに安定して光を反射させる。一方，各カメラからはレンズの近くに赤外線の光源を配備し周囲を均一に照らす。このようにすれば，各カメラ†の撮影画像には演技者に装着したマーカーの位置が鮮明に記録される。

図 5.10 はモーションキャプチャの撮影スタジオにおける実施例である。図

---

† 通常のカメラは人の目の特性に合わせて赤外線をカットするフィルタを備えるが，光学式モーションキャプチャのカメラはそれを装着せず，マーカーが反射した赤外線を鮮明に撮影できるようにしてある。

（a）　光学式モーションキャプチャ
　　　による動作データ収集
（b）　演技者の動作をCGモデルに
　　　当てはめた結果（合成画像）

図5.10　モーションキャプチャの実施例

（a）では赤外線を照射しながら撮影するカメラが演技者の周囲に配置されている様子を示す。図（b）は，演技者の姿勢とその時の取得データをCGキャラクターの姿勢に適用した結果を合成した画像である。

　光学式モーションキャプチャでは，演技者の姿勢によってはマーカーが隠れる場合が生じる。これに対しては，図（a）のように多数のカメラにより極力多くのマーカーが映るようにしたうえ，それでも隠れるマーカーはソフトウェアの後処理により推定を行っている。

　このような後処理では，画像中のマーカーの2次元位置座標から推定して演技者の3次元空間内でのマーカー座標を計算により求める必要がある。磁気センサーが直接3次元座標を取得するのに対し，光学式では撮影画像から多数のマーカーを識別したうえで3次元座標を推定する高度な画像認識技術が必要となる。2000年に入ってからの画像認識技術の進歩に伴い光学式の精度も上がり，現在では光学式がもっとも普及したモーションキャプチャ装置となっている。全身の動作だけではなく，顔の表情の取得にも光学式モーションキャプチャが用いられている。

　モーションキャプチャで取得される位置座標データは膨大なデータ量となる。なぜなら，取得の時間間隔が短く，1秒間に200回（200 fps）程度のデータが，数10点あるマーカー位置のそれぞれについて蓄えられるからである。一方でCGアニメーション作品は30 fps，ゲームやVRで60 fpsが基本であり，

モーションキャプチャのデータは後処理プログラムにより取捨選択する必要がある。その際には，光学式で生じる場合のあるマーカー誤検出データも適切に処理して修正する必要がある。

　モーションキャプチャでは**動作誇張**（motion exaggeration）の問題がある。一般にアニメーション作品はキャラクターが大げさな動きをする場合が多く，消費者は長年そのような動きを見慣れてしまっている。モーションキャプチャによって現実の演技者の動きをそのままデータ化してCGキャラクターに当てはめると，鑑賞者には動きが少なくつまらない動作と感じられる。

　これの対処法は2通りある。一つは，演技者自身が誇張された動作を行う方法である。アニメーション作品として完成した場合のCGキャラクターの動きを予測し体現する熟練が必要である。もう一つはデータの後処理において誇張された動きに変換する方法である。

　図5.11はモーションキャプチャで取得した動作データに対して誇張を施すツールの研究事例である[2]。図（a）は位置の時間変化に誇張を加えるPC画面例である。図（b）は上半身が動きに取り残されて身体が伸びるように誇張した結果の例である。

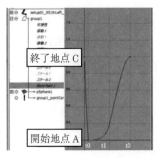 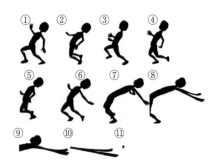

（a）　動作誇張を設定する画面例　　　（b）　胴体や腕が伸びる誇張を施した
　　　　　　　　　　　　　　　　　　　　　　結果の例

図5.11　モーションキャプチャのデータに対する誇張処理の研究例
〔提供：川島基展（東京工科大学）〕

5.4.2 形　状　変　形

変形は形状モデリングにおける要素技術の一つである。形状の変形過程を描画することにより CG モデルの動きを表現できるため，アニメーション技術として分類される場合が多い。変形実施手段の技術は二つに大別できる。一つは**自由形状変形**（free-form deformation, FFD）に代表される制作者の操作を支援する技術で，もう一つは物理法則に基づく動力学シミュレーションとしての物体変形計算の技術である。本項では前者を説明し，後者はつぎの 5.4.3 項の一部で紹介する。

人手による形状モデル操作を支援する自由形状変形は汎用性が高く理論としても簡潔な技術である[3]。空間全体または一部を歪ませることにより，その空間内にある各頂点の位置をそれぞれ別々に変位させ，結果的に形状に対する変形を施す。そのため変形対象形状は細かいポリゴンにより構成されたポリゴン曲面を前提とし，幾何学的基本立体の集合演算で記述される CSG 表現の形状は基本的には対象外とする。

自由形状変形では，対象物体モデルを包含する空間を直方体として設定する。直方体を格子状に等間隔に区切り，各格子点を制御点と考え，これらに対して人の操作または何らかの計算規則によって変位を与えることによって空間自体を滑らかに変形させる。

3 次式を利用した自由形状変形の例を説明する。事前に設定した直方体の各辺を 3 等分する形で 3×3×3 の部分直方体に分割する。これにより得られる 4×4×4 の格子点 X_{ijk}（ただし $i, j, k = 0, 1, 2, 3$）を 64 個の制御点として設定する。ユーザの変形操作によって任意の位置に変位させた後の 64 個の制御点 X'_{ijk} に対して，もとの空間内の任意の 1 点 X の変形後の位置 X' はつぎの式で与えられる。

$$X' = \sum_{i=0}^{3}\sum_{j=0}^{3}\sum_{k=0}^{3} B_i^3(s) B_j^3(t) B_j^3(u) X'_{ijk} \tag{5.4}$$

ここで，$B_i^3(\cdot)$ はベジエ曲線でも使われる 3 次のバーンスタイン基底関数である。この基底関数に与える変数 s, t, u の値は，直方体の一端点 X_0 を始点と

する 3 辺に一致するベクトル S, T, U を座標軸とする直交座標系を想定し，変形前の点 X を STU 座標系で表す 3 次元座標 $(s(X), t(X), u(X))$ として事前に求めた結果である。STU 座標系の原点 X_0 では $s=t=u=0$ となり，3 辺 S, T, U 上で X_0 と反対側にある直方体頂点ではそれぞれ s, t, u の値は 1 となる。点 X は直方体内部にあるため $0<s(X), t(X), u(X)<1$ となる[†]。

式（5.4）は，4 章で述べた 3 次ベジエ曲線の式（4.5）の自然な拡張版である双 3 次ベジエ曲面の式（4.9）をさらに拡張した式になっていることがわかる。自由形状変形はベジエ曲線やベジエ曲面の延長線上の幾何形状処理である。別の言い方をすると，ベジエ曲線は 1 次元空間（線分）の自由形状変形であり，ベジエ曲面は 2 次元平面（長方形）の自由形状変形である。

自由形状変形の例を**図 5.12** に示す。図（a）は変形前の様子で，いくつかの球と立方体が変形対象形状である。全体を囲む直方体の枠線と格子が変形対象空間を表し，格子点の 2×3×4 個の白く小さな点は制御点である。図（b）は制御点を移動する変形操作の結果で，球と立方体が変形していることがわかる。図（c）は自由形状変形のほかの例である。

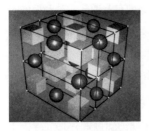  

（a） 変形前の空間（制御点）　（b） 制御点の移動による　（c） 形状モデルの変形例
　　　およびそこに含まれる形　　　　　形状の変形
　　　状（立方体と球）

図 5.12　自由形状変形の実施例〔Images courtesy of Thomas W. Sederberg〕（口絵 13 参照）

自由形状変形がアニメーション制作で使われる典型例としてキャラクターの表面形状の変形がある。5.3.1 項で述べたスケルトン法は骨格に対して動きを設定するが，最終的には骨格（スケルトン）を囲む皮膚や衣服や筋肉の形状を

[†]　点 X の xyz 座標系での 3 次元座標は $X=X_0+sS+tT+uU$ となる。

自動追従させて動かす必要がある。

スキニング（skinning）はスケルトン周囲に設置した皮膚表面モデルを動きに追従させる処理である。腕の形状を例にとると，まずスケルトンの各骨（ボーン）の周囲にそれぞれ円筒形の皮膚を設置する。ここで肘関節を中心に一方のボーンを回転させると関節をはさむ両円筒にすき間が露呈する不具合が生じる。スキニング処理は，そのすき間に小さくて滑らかに変形する曲面を配置しておき任意の曲げに応じて適切にすき間を埋める措置を施す。

筋肉モデル（muscle model）は典型的には肘関節につながる二の腕のボーンに付随する皮膚に適用される。肘関節の曲げに応じて二の腕の円筒形の皮膚を変形させて滑らかな盛り上がりを与える。

5.4.3 シミュレーション技術

形状モデリングにより定めた静止状態の形状の各点に対し，物理法則あるいは何らかの法則に基づいて動きを計算するシミュレーション技術は，これまで述べたモーションキャプチャや自由形状変形と並びCGアニメーション全般で用いられる。本項ではこれらの手法全般について概観する。詳細に興味のある読者は文献のほか，現在ではCGクリエイター向けの雑誌等やWebで紹介されている技術情報を参照されたい。

このようなシミュレーションはCG分野では1980年代から本格的に研究され始めた。初期の頃は各物体を大きさがなく質量を持つ**質点**（パーティクル，粒子）とみなし，**運動方程式**（equation of motion）に基づいて各質点の動きを計算する**パーティクルシステム**（particle system）が提案された[4]。それ以前から，科学分野では分子動力学において質点の動きのシミュレーション手法が開発されている。1985年の筑波科学博においては，フルCGの分子動力学シミュレーション動画により生命の起源を紹介する全天周立体映像作品「The Universe」が展示された[5]†。

---

† 巻末の引用・参考文献5）は分子動力学のCG動画作品におけるモーションブラー技術に焦点をあてた技術論文となっている。

　一方で，同じく 80 年代以降の CG 分野においては，物体モデルを大きさは持つが変形しない**剛体**（rigid body）とみなし，回転モーメント力も考慮し，衝突検出と反発も考慮した**動力学シミュレーション**（dynamics simulation）が研究されるようになった。

　形状表面をポリゴン曲面として表して変形の計算も行われる。変形から復元する**弾性体**（elastic body），変形から復元しない**塑性体**（plastic body），それら両者の性質を持つ**弾塑性体**（elasto-plastic body）の変形まで計算するようになった。さらには衝突により破壊される剛体の破断形状もシミュレートされるようになっている。また，布のような軟らかい表面形状が風によって揺らめく動きも表現できるようになった。現在でもこのような研究は進展を続けている。

　これらの固体物に対する変形の物理シミュレーションは，機械や建築物の構造解析では**有限要素法**（finite element analysis）としてじつは 1960 年頃から研究されていた。有限要素法は形状表面を細かい三角形の要素に分割する[†]。形状の一部の要素に力を加える設定を行い，各節点（頂点）が隣接する節点との間でやり取りする力を近似計算し最終的にすべての節点の変位を計算する手法である。前述した CG 分野での各種変形シミュレーションは，このような工学分野での解析技術を必要に応じて簡易化し，リアルな動き表示画像を得るために応用してきた結果として実現したものである。

　これに対し，水や煙のように形状が定まらない液体や気体に対する動きのシミュレーション技術は**流体シミュレーション**（fluid simulation）と呼ばれる。流体シミュレーションも変形における有限要素法と同様に，工学分野では以前から研究されていた。例えば，航空機の設計における翼周りの空気の流れや，化学工場のパイプライン設計を目的としたパイプ内の液体の流れなどのシミュレーションである。

　流体の動きをモデル化する支配方程式として**ナビエストークス方程式**

　[†]　CG におけるポリゴン曲面と同様の構造であるが，有限要素法では各三角形をポリゴンとは呼ばず要素と呼び，三角形の頂点を節点と呼ぶ。

(Navier–Stokes equation) が知られている。流体内部の各点に着目して物理法則を記述する偏微分方程式である。速度と圧力を変数とし，密度や粘性や外力（重力）も考慮して変数の時間変化と場所による変化とを記述した，一種の運動方程式となっている。本書ではその詳細は割愛する。

ナビエストークス方程式の解析的な解法は知られていない。その一方で，時刻と場所を離散化して近似する差分方程式の数値解法があり，コンピュータシミュレーション手法が確立している。CG 分野での応用のための近似解法として Stable Fluids が知られている[6]。

場所を離散化する手法は，大きく分けて**格子法**（grid method）と**粒子法**（particle method）の 2 種類がある。格子法はシミュレーション対象空間を格子状に等分割し，固定した各地点での速度と圧力の変数を計算する方法である。粒子法は，前述のパーティクル・システムと同じ考え方で，対象空間を自在に動き回る粒子を多数配置し，各粒子における変数を計算する。

格子法は比較的計算時間が小さく，雲や煙や炎のように気体のみの計算で境界面が比較的曖昧な場合に採用される。一方で，2 種類の液体気体が混ざり合うような**混相流**（multiphase flow）における境界面あるいは**界面**（interface）を細かく表現できない弱点がある。格子サイズより小さい形状の凹凸は扱えないのと，格子方向に依存した形状になってしまうためである。

これに対し粒子法は，界面をより精密に計算するのに適している一方，計算処理時間がかかる弱点がある。各粒子の計算においては近傍の粒子から受ける力を考慮する必要がある。近傍にある粒子がどれであるかを自分以外の膨大な数の粒子の中から特定する処理は時間がかかる。そしてこの処理を含む計算を全粒子について繰り返して特定時刻の粒子配置が求まる。さらに各時刻での粒子配置結果を少しずつ積み重ねてようやく流体の動きの映像が作られる。

コンピュータ処理速度の向上により，また，計算効率を高めるための工夫を行う手法も考案され，近年では粒子法が以前よりも盛んに使われるようになった。特に CG による映画制作においては水面の挙動が重要な演出効果とされる場合が多く，粒子法が用いられる。界面付近での粒子の配置を求めた後は，

4.3.4項で述べたメタボールの手法を用いてはっきりとした界面の形状を求め
CG 描画を行う。

演 習 問 題

〔5.1〕 リフレッシュレートが 60 Hz の表示装置でリアルタイム CG を実行する。
1 フレームの CG 計算時間が 16.6 ミリ秒以内であればフレームレートは
60 fps，33.3 ミリ秒以内であれば 30 fps の表示となる。計算時間がそれよ
りもさらに大きくなっていった場合，フレームレートはどう推移するか。

〔5.2〕 リアルタイム CG で要求される表示速度はいくつか。また，リアルタイム
CG はどのような応用で使われるか。

〔5.3〕 映画などの 3 次元 CG 動画作品の再生中に一時停止をし，ある 1 フレーム
の静止画像を観察してモーションブラー処理が行われている部分を画面中
に見つけなさい。

〔5.4〕 各種 CG ソフトは Web 上でマニュアルや機能紹介ページを見つけることが
できる。モデリング機能を備えた CG ソフトでリギングの設定を行うには
どのような操作方法や手順を行うか，調査しなさい。

〔5.5〕 自由形状変形において，変形前の任意の頂点 X を与えたとき，直方体の
変形対象空間 STU 座標（原点 X_0）を計算する式 $s(X), t(X), u(X)$ を導出
しなさい。ただし，p.180 脚注にあるように，$X = X_0 + sS + tT + uU$ であ
る。これは s, t, u を未知変数とする 3 元連立 1 次方程式であり，これを解
けばよい。

〔5.6〕 粒子法において，二つの粒子の間に作用する力の数式が与えられたとす
る。このとき，1 万個の粒子を想定し 60 fps の CG 動画を 30 秒分作成する
にはこの数式を何回計算する必要があるか。概算値を求めなさい。

引用・参考文献

1章

1)　P. Debevec, N. Fong, and D. Lemmon : Image-Based Lighting, ACM SIGGRAPH 2002, Course #5 (2002)

2章

1)　J. E. Bresenham : Algorithm for computer control of a digital plotter, IBM Systems Journal, **4**, 1, pp. 25–30 (1965)

2)　R. W. Swanson, and L. J. Thayer : A Fast Shaded-Polygon Renderer, Computer Graphics, **20**, 4 (Proc. SIGGRAPH '86), pp. 95–102 (1986)

3)　K. Akeley, and T. Jermoluk : High-Performance Polygon Rendering, Computer Graphics, **22**, 4 (Proc. SIGGPRAH '88), pp. 239–246 (1988)

4章

1)　J. Blinn : A Generalization of Algebraic Surface Drawing, ACM Transactions on Graphics, **1**, 3, pp. 235–256 (1982)

2)　渡辺賢悟，宮岡伸一郎：「3D スーラ」：3D 点群情報による点描画ウォークスルーコンテンツ，芸術科学会論文誌，**10**, 3, pp. 192–200 (2011)

5章

1)　Z. Xu, Y. Zhou, E. Kalogerakis, C. Landreth, and K. Singh : RigNet: Neural Rigging for Articulated Characters, ACM Transactions on Graphics, **39**, 4, pp. 58 : 1–58 : 14, (2020)

2)　川島基展，大森達也，近藤邦雄，三上浩司，松島渉：モーションキャプチャリングを用いたキャラクタアニメーションへの『のこし』動作誇張の適用手法の提案，VisualComputing/グラフィクスと CAD 合同シンポジウム (2011)

3)　T. W. Sederberg, and S. Parry : Free-Form Deformation of High-Performance Polygon Rendering, Proc. ACM SIGGRAPH '85, pp. 151–160 (1985)

4)　W. T. Reeves : Particle Systems — A Technique for Modeling a Class of Fuzzy Objects, ACM Transactions on Graphics, **2**, 2, pp. 91–108 (1983)

5)　N. L. Max, and D. M. Lerner : A Two-and-a-Half-D Motion-Blur Algorithm, Proc. ACM SIGGRAPH '85, pp. 85–93 (1985)

6)　J. Stam : Stable Fluids, Proc. ACM SIGGRAPH '99, pp. 121–128 (1999)

演習問題解答

1章

〔**1.1**〕 モデリング，レンダリング，アニメーション。

〔**1.2**〕 赤（R），緑（G），青（B）。

〔**1.3**〕 RGB表色系はディスプレイに与えるための値である。マンセル表色系は人が色票から選択するために色相・彩度・明度に応じて番号付けした体系である。HSV（あるいはHSL）は色相・彩度・明度を数値化し，コンピュータが計算できるようにした表色系である。XYZ表色系は物理的な可視光をすべて含む色を正の値で表現するためのものである。L*a*b*は人間が感知する2色の違いの程度を色空間上での2点間の距離として計算するための表色系である。

〔**1.4**〕 255, 255, 255, 255, …（「255」が27×3個），0, 0, 0, 0, 0, 0, 255, 255, …（「255」が18個），0, 0, 0, 0, 0, 0, 255, 255, …（「255」が18個），0, 0, 0, 0, 0, 0, 255, 255, …（「255」が18個），0, 0, 0, 0, 0, 0, 255, 255, 255, 255, …（「255」が47×3個）。

　　　　黒となる画素が全部で8個あるため，RGBが（0, 0, 0）となる値が8個となり，0の値となる数値は24個となる。

〔**1.5**〕 （ヒント）方眼紙上に描いたすべての線分の端点について xy 座標を読み取り手書きで書き込んでおく。

〔**1.6**〕 （ヒント）Processingプログラムの line 命令で与えるパラメータの値は，上記〔1.5〕で書き込んだ xy 座標を読み取って打ち込む。方眼紙内の目盛りの単位を表示ウィンドウ内の画素単位としてそのまま使うと所望の大きさに表示されない場合は，1桁，2桁あるいは数倍だけ調整して読み替えて打ち込む必要がある。

2章

〔**2.1**〕 略

〔**2.2**〕 略

〔**2.3**〕 （ヒント）まず，図2.10のプログラムコード14～24行目の11行をコピーし26行目の後にペーストする。ペーストした11行についていくつかの変更を行う。記述の変更は変数名の変更だけでよい。変数 deltaA は deltaB に，変数 deltaB になっているところは deltaA に変更し，変数名を交換するような変更を施す。同様に変数 x は変数 y に，変数 y は変数 x に，変数 dx は変数 dy に，変数 dy は変数 dx にそれぞれ書き換える。ただし，ペーストした最後のほうの point(x, y); の行だけはなにも変更しない。

〔**2.4**〕 （ヒント）図2.11に示す始点と終点の例を利用して myLine 関数を呼び出し

て，図 2.11 と同じ結果になることを確認する。$\nabla_i = 0$ の場合の符号判定方針を変えるには，16 行目の if 文（およびペースト後の 29 行目の if 文）に書かれている「>=」記号を「>」に書き換えて実行し，図 2.11 の（a）と（b）の結果が逆になることを確認する。

　　いずれの確認も画像の細かい部分を見る必要があるため，画面を虫眼鏡で拡大するか，またはプログラム実行結果ウィンドウのスクリーンショット画像を別のソフトで拡大表示する。

〔2.5〕 3 次元 CG の形状モデル表示の基本単位として使われるためである。

〔2.6〕 略

〔2.7〕 最終的に鑑賞者に見せる目的の CG 画像を作成する際に必ず用いられる。

〔2.8〕 （ヒント）実行開始時の設定呼出として，setup 関数定義の中で smooth 関数を実行すればアンチエイリアシングなし（ギザギザあり）の表示結果になる。smooth 関数の代わりに noSmooth 関数を実行すればアンチエイリアシングあり（ギザギザなし）の表示結果になる。

3章

〔3.1〕 例としてヒト型ロボットを考える。その構造は胴体モデルを最上位階層とし腕・頭・脚がそのすぐ下の階層となる。腕モデルの下位には肘・手首を通じて接続した手のひらモデルがあり，手のひらの下には 5 本の指モデル，その一つの中指モデルは三つの骨が階層の上下方向につながっている。胴体はロボット全体を代表する座標系を持ち，その下位のすべてのモデルはそれぞれの回転中心となる関節の 1 点を原点とする座標系をそれぞれ持つ。各座標系は，それぞれのすぐ上位の座標系に対する変換を記述する行列が与えられる。

　　ほかの例として，太陽系の太陽（恒星），各惑星，各衛星は階層構造となる。

〔3.2〕 ヒト型ロボットの例で一部をあげると，胴体描画のつぎに左の二の腕，左の腕，左の手のひら，親指の二つの骨，と階層の末端に向けて順番に変換が行われその都度対象のモデルが表示される。親指のつぎは隣接する人差し指の三つの骨が同様に処理される。このように，階層の上下方向を先にたどり，末端に至ったら一つずつ上位層に戻って隣接する未表示モデルがあればそこから末端に向けて階層をたどる。この過程を繰り返し，階層全体のすべての部分を表示したら 1 回の描画が完了となる。

〔3.3〕 モデリング変換，ビューイング変換，投影変換，ビューポート変換の順番である。

〔3.4〕 形状モデルのすべての頂点座標データが変換される。

〔3.5〕 （ヒント）3.4.7 項の最終段落の説明を参照。六つのパラメータ変数 l, r, b, t, n, f は，計算の最後で消去され，1 または -1 となる。

〔3.6〕 y 方向の補間をまず行うと，$C_0 = 0.3C_{00} + 0.7C_{01}$，$C_1 = 0.3C_{10} + 0.7C_{11}$ が得られる（図 3.42 の P_0 や P_1 とは違う点の色である。どこであるかを考えてみよう）。つぎに x 方向の補間を行うと，$C' = 0.4C_0 + 0.6C_1 = 0.12C_{00} + 0.28C_{01} + 0.18C_{10} + 0.42C_{11}$ が得られる。これは式（3.18）の結果と等価である。重みの値が何であっても補間順番を交換した二つの結果は同じになる。

〔3.7〕 略

4 章

〔4.1〕 （ヒント）Windows の PC であれば，メモ帳を使ってタイプした結果をいったん「.txt」の拡張子のファイルに保存し，その後ファイル名の変更機能で拡張子を「.obj」に変更する。そのファイルをダブルクリックすれば Window10/11 に標準で備えてある「3D Viewer」ソフトが起動されサーフェスモデルが表示される。

〔4.2〕 サーフェスモデルまたはソリッドモデルのいずれかであると推定できる。断面表示が正しくできないからといってサーフェスモデルだという断定はできない。入力モデルがソリッドモデルであっても，表示ソフトの機能として断面表示を備えていないかあるいは断面表示機能を使っていなかったという可能性がある。もしそのソフトが「ソリッドモデルではないため断面表示機能は使えません」という警告メッセージを発したとしたらサーフェスモデルと断定できる。

〔4.3〕 略

〔4.4〕 （略解例）作図による分割点 Q_0, Q_1, Q_2, Q_3 をそれぞれ $P_0 \sim P_3$ の式で表すと，
$Q_0 = P_0, Q_1 = \dfrac{P_0 + P_1}{2}, Q_2 = \dfrac{P_0 + 2P_1 + P_2}{4}, Q_3 = \dfrac{P_0 + 3P_1 + 3P_2 + P_3}{8}$ となる。$Q_0 \sim Q_3$ を制御点とする 3 次ベジエ曲線（パラメータを s とし範囲条件は $0 \leq s \leq 1$ となる）は $Q = (1-s)^3 Q_0 + 3s(1-s)^2 Q_1 + 3s^2(1-s) Q_2 + s^3 Q_3$ で与えられる。ここで $s = 2t$ とパラメータを置き換えて Q の式を展開し，t と $P_0 \sim P_3$ で表すと $Q = (1-t)^3 P_0 + 3t(1-t)^2 P_1 + 3t^2(1-t) P_2 + t^3 P_3$ が得られ，もとの 3 次ベジエ曲線と一致する。このとき，範囲条件より $0 \leq 2t \leq 1$ であるから $0 \leq t \leq 1/2$ であり，Q はもとの 3 次ベジエ曲線の前半部分であることが示される。

〔4.5〕 略

〔4.6〕 （ヒント）近年は PC やゲーム機の性能が上がり，LOD の簡易モデルであっても画面上で粗さが露呈することがない程度に精細な簡易モデルが使えるようになっている。そのため，古いゲーム作品や古いゲーム機で確認することを推奨する。

〔4.7〕 略

〔4.8〕 海岸線，山岳地帯の凹凸，木の枝，ある種の植物（カリフラワー，ロマネス

コなど），巻貝，ある種の雪の結晶など，拡大して見たときに似たような形が
出現するものはフラクタル図形の一種と言える。

5章

〔5.1〕　20 fps, 15 fps, 10 fps, 8.57 fps, …のように 60 fps の整数分の1のフレームレー
トとなる。

〔5.2〕　リアルタイム CG で要求される表示速度は 60 fps である。特にゲームでは
60 fps となるように制作が行われる。リアルタイム CG の応用としてはビデ
オゲームのほか，VR, AR での CG 表示，ナレーターの顔の実写映像を動物な
どの3次元 CG のキャラクターにあてはめて動かす VTuber などがあげられ
る。VR ではユーザの頭の動きに追随するため，固定画面のゲームよりも厳し
い 90 fps や 120 fps が要求される場合もある。逆に VTuber のような応用はあ
まり激しい動きがないため，リアルタイム CG とは言っても 30 fps や 20 fps
が許容される場合もある。なお，収録放送のバラエティ番組で出演者の一部
が CG キャラクターに置き換わって演じる例では，一般に収録後の入念な編
集作業によりその表情を付けるため，リアルタイム CG ではない。

〔5.3〕　（ヒント）できるだけ動きの激しい場面で一時停止をすることによりモーショ
ンブラー処理結果が見えやすくなる。また，被写体が静止していてもカメラ
が動いている場合は被写体全体が同じ向きの軌跡を描くモーションブラー効
果が見られるはずである。

〔5.4〕　略

〔5.5〕　点 X から座標軸 S に垂線を下ろした点の X_0 からの距離が $s|S|$ である。この
距離は X_0 を始点とする二つのベクトル S および $X-X_0$ の内積に等しい。し
たがって s の値は $s(X) = |S \cdot (X-X_0)|/|S|$ となる。同様に $t(X) = |T \cdot (X-X_0)|$
$/|T|, u(X) = |U \cdot (X-X_0)|/|U|$ となる。

〔5.6〕　ある1個の粒子に作用する力は，ほかの各粒子との間に作用する力の合計な
ので，9 999 回の数式計算が必要である。これを約1万回とみなすとすべての
粒子については約1万回×1万個で約1億回の計算となる。ただし，1組の粒
子ペアに作用する力は作用反作用の法則により同じ大きさであるから，1フ
レームの結果を得るのに必要なこの数式の計算回数は半分の約5千万回（0.5
億回）となる。60 fps の 30 秒分は 1 800 フレームなのでこれを乗じて約 900
億回の数式計算となる。

索　　引

―――― 著 者 略 歴 ――――

1982 年　東京大学工学部電子工学科卒業
1982 年　株式会社富士通研究所勤務
1989 年　米国ブリガムヤング大学客員研究員（兼務）
〜90 年
1993 年　株式会社グラフィカ勤務
1993 年　株式会社ノバ・トーカイ勤務
1995 年　日本シリコングラフィックス株式会社勤務
2005 年　東京大学大学院情報理工学系研究科博士課程修了（電子情報学専攻）
　　　　博士（情報理工学）
2011 年　シリコンスタジオ株式会社勤務
2012 年　東京工科大学教授
　　　　現在に至る

CG 数理の基礎
Basic Theories of Computer Graphics　　　　　　　© Masanori Kakimoto 2022

2022 年 9 月 22 日　初版第 1 刷発行　　　　　　　　　　　　　　★

検印省略	著　　者	柿　本　正　憲
	発 行 者	株式会社　コ ロ ナ 社
		代 表 者　牛来真也
	印 刷 所	萩 原 印 刷 株 式 会 社
	製 本 所	有限会社　愛千製本所

112-0011　東京都文京区千石 4-46-10
発 行 所　株式会社 コ ロ ナ 社
CORONA PUBLISHING CO., LTD.
Tokyo Japan
振替 00140-8-14844・電話 (03) 3941-3131 (代)
ホームページ https://www.coronasha.co.jp

ISBN 978-4-339-02792-1　C3355　Printed in Japan　　　　　　（松岡）

コンピュータサイエンス教科書シリーズ

（各巻A5判，欠番は品切または未発行です）

■編集委員長　曽和将容
■編集委員　岩田　彰・富田悦次

定価は本体価格＋税です。
定価は変更されることがありますのでご了承下さい。

次世代信号情報処理シリーズ

（各巻A5判）

■監 修 田中 聡久

定価は本体価格+税です。
定価は変更されることがありますのでご了承下さい。

図書目録進呈◆